FORSCHUNGSBERICHTE DES LANDES NORDRHEIN-WESTFALEN

Nr. 1317

Herausgegeben
im Auftrage des Ministerpräsidenten Dr. Franz Meyers
von Staatssekretär Professor Dr. h. c. Dr. E. h. Leo Brandt

DK 621.392.4

Prof. Dr. Hubert Cremer
Dr. Franz Kolberg

Institut für Mathematik und Großrechenanlagen
der Rhein.-Westf. Techn. Hochschule Aachen

Zur Stabilitätsprüfung von Regelungssystemen
mittels Zweiortskurvenverfahren

SPRINGER FACHMEDIEN WIESBADEN GMBH 1964

ISBN 978-3-663-06621-7   ISBN 978-3-663-07534-9 (eBook)
DOI 10.1007/978-3-663-07534-9
Verlags-Nr. 011317

© Springer Fachmedien Wiesbaden 1964

Ursprünglich erschienen bei Westdeutscher Verlag, Köln und Opladen 1964

Gesamtherstellung: Westdeutscher Verlag ·

Inhalt

Einleitung 7

1. Stabilitätsprüfung von stetigen Regelkreisen mittels Zweiortskurvenverfahren 10
    1.1 Die charakteristische Gleichung des geschlossenen und der Frequenzgang des aufgeschnittenen Regelkreises 10
    1.2 Stabilitätsprüfung mittels der F_0-Ortskurve des aufgeschnittenen Regelkreises 11
    1.3 Stabilitätsprüfung mittels der Frequenzgänge von Regler und Regelstrecke 13
    1.4 Beurteilung der Stabilitätsgüte an Hand der Ortskurven von Regler und Regelstrecke 17

2. Stabilitätsprüfung von stetigen Regelkreisen im logarithmischen Amplituden-Phasen-Diagramm 20
    2.1 Stabilitätsprüfung mittels der logarithmischen Amplituden-Phasen-Charakteristiken von Regler und Regelstrecke 20
    2.2 Beurteilung der Stabilitätsgüte an Hand der logarithmischen Amplituden- und Phasen-Charakteristiken von Regler und Regelstrecke ... 23

3. Stabilitätsprüfung von Abtastsystemen mit Hilfe des Zweiortskurvenverfahrens 25
    3.1 Beschreibung der Abtastsysteme mittels der z-Transformation 25
    3.2 Die Charakterisierung der Übertragungseigenschaften eines geschlossenen linearen Abtastsystems mittels der z-Transformation 30
    3.3 Die Stabilitätsprüfung bei Abtastsystemen auf Grund der Wurzelverteilung ihrer charakteristischen Gleichung 33
    3.4 Stabilitätsprüfung mittels der F_0-Ortskurve des aufgeschnittenen Systems 36
    3.5 Stabilitätsprüfung von Abtastsystemen mittels der Ortskurven von Regler und Regelstrecke 39
    3.6 Stabilitätsprüfung von Abtastsystemen durch Zurückführung auf diejenige eines zugeordneten stetigen Systems 42

4. Beispiele 45

Literaturverzeichnis 49

Einleitung

Neben den klassischen algebraischen Stabilitätskriterien werden zur Untersuchung der Stabilität von Regelvorgängen häufig die Ortskurvenverfahren benutzt, welche aus dem Verlauf der Ortskurve des Frequenzganges $F_0(p)$ des aufgeschnittenen Regelkreises Rückschlüsse auf die Stabilität bzw. Instabilität des Regelvorganges erlauben. Grundlegend für die Kriterien dieser Art ist die Arbeit von NYQUIST [16]. NYQUIST hat darin notwendige und hinreichende Ortskurvenbedingungen für die Stabilität des geschlossenen Regelkreises angegeben. Hierbei setzte NYQUIST voraus, daß der aufgeschnittene Regelkreis stabil ist, d. h. daß die Polstellen von $F_0(p)$ sämtlich in der linken Halbebene liegen.

Kriterien, die auch den Fall eines instabilen aufgeschnittenen Regelkreises einschließen, findet man u. a. in den Büchern von CHESTNUT-MAYER [2], POPOW [21], SOLODOWNIKOW [24] und den Arbeiten von LEHNIGK [13], DZUNG [4], FREY [5], FÖLLINGER [6].

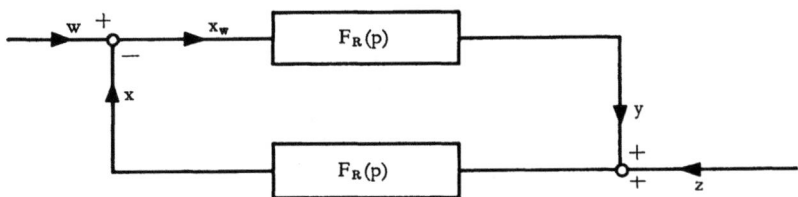

Abb. 1 Blockschaltbild eines Regelkreises

Für den häufig vorkommenden Fall eines Regelkreises mit dem in Abb. 1 dargestellten Blockschaltbild, bei dem zwischen den Frequenzgängen

$F_0(p)$ des aufgeschnittenen Regelkreises,
$F_S(p)$ der Regelstrecke und
$F_R(p)$ des Reglers

der Zusammenhang

$$F_0(p) = - F_R(p) \cdot F_S(p)$$

besteht, liegt nun in der Praxis meist die folgende Fragestellung vor: Zu einer gegebenen, nicht mehr veränderlichen Regelstrecke ist ein Regler so zu bestimmen, daß der Regelkreis optimale Eigenschaften besitzt, also insbesondere stabil ist.

Nun ist der Einfluß einer Änderung des Reglers auf den Verlauf der Ortskurve des Frequenzganges $F_0(p)$ des aufgeschnittenen Regelkreises meistens ohne eine neue Berechnung nicht angebbar. Für die obige Fragestellung erscheint es daher sinnvoller, z. B. die Ortskurven des Frequenzganges $F_R(p)$ des Reglers und des negativ inversen Frequenzganges $-\dfrac{1}{F_S(p)}$ der Regelstrecke aufzutragen und aus der gegenseitigen Lage dieser beiden Ortskurven auf das Stabilitätsverhalten zu schließen. Eine solche Stabilitätsprüfung mit Hilfe der Ortskurven der Frequenzgänge von Regler und Regelstrecke wurde zuerst von A. LEONHARD in seinem Buch »Die selbsttätige Regelung in der Elektrotechnik«, Springer-Verlag 1940, vorgeschlagen. W. OPPELT und O. SCHÄFER haben sowohl in ihren Lehrbüchern [17, 23] als auch in ihren Originalarbeiten diese Verfahren weiter ausgebaut. Insbesondere wurde darauf hingewiesen, daß die gegenseitige Lage dieser beiden Ortskurven nicht nur Rückschlüsse auf die Stabilität, sondern auch auf die Stabilitätsgüte zuläßt.

Darüber hinaus haben L. C. GOLDFARB [7], R. J. KOCHENBURGER [12], W. OPPELT [19, 20] und A. TUSTIN [28] unabhängig voneinander aufgezeigt, daß dieses Verfahren der Stabilitätsuntersuchung auch mit Erfolg bei nichtlinearen Systemen mit oder ohne Totzeit angewandt werden kann, wenn die linearen und die nichtlinearen Elemente des Regelkreises je in einem Block zusammengefaßt werden können. Durch Anwendung der Methode der harmonischen Linearisierung von KRYLOW-BOGOLJUBOV wird der Frequenzgang des nichtlinearen Blocks bestimmt. Damit können dann die Ortskurven des Frequenzganges des nichtlinearen und des negativ inversen Frequenzganges des linearen Blocks aufgezeichnet und die Stabilitätsuntersuchung durchgeführt werden. Zu beachten ist hierbei, daß der Frequenzgang des nichtlinearen Blocks nicht nur von der Frequenz ω, sondern auch von der Bezugsamplitude A abhängt, wodurch dem nichtlinearen Teil eine Ortskurvenschar mit A als Scharparameter zugeordnet wird.

Nun erlauben die von LEONHARD, OPPELT und SCHÄFER angegebenen Kriterien zwar, in den meisten praktisch vorkommenden Fällen zu entscheiden, ob Stabilität oder Instabilität vorliegt. Sie tragen jedoch nur speziellen Charakter, so daß die Frage nach den Gültigkeitsgrenzen nicht genau übersehbar ist. Hierauf hat W. OPPELT [18] hingewiesen.

In der vorliegenden Arbeit werden wir ein notwendiges und hinreichendes Kriterium zur Stabilitätsprüfung mittels der Ortskurven von Regler und Regelstrecke herleiten, sowohl für den allgemeinsten Fall, daß Regler oder Regelstrecke für sich instabil sind, als auch für den Fall, daß Regler und Regelstrecke für sich stabil sind. Im letzteren Falle erhalten wir noch ein sehr einfach zu handhabendes hinreichendes Kriterium.

Der Übertragung dieser Ortskurvenkriterien auf die logarithmischen Amplituden- und Phasen-Charakteristiken ist ein weiterer Abschnitt gewidmet. Hier wird dann insbesondere ein Kriterium angegeben, welches gestattet, auch die Stabilitätsgüte des Systems an Hand der Amplituden- und Phasen-Charakteristiken von Regler und Regelstrecke zu beurteilen.

Schließlich zeigt der letzte Abschnitt, daß die Methode des Zweiortskurvenverfahrens auch mit Erfolg zur Stabilitätsuntersuchung von Regelungssystemen mit digitalen Elementen herangezogen werden kann.
Die Anwendung unserer Kriterien wird abschließend an einfachen Beispielen erläutert.

1. Stabilitätsprüfung von stetigen Regelkreisen mittels Zweiortskurvenverfahren

1.1 Die charakteristische Gleichung des geschlossenen und der Frequenzgang des aufgeschnittenen Regelkreises

Betrachten wir einen bei der Regelgröße aufgeschnittenen Regelkreis, so wird sein Übertragungsverhalten charakterisiert durch eine Differentialgleichung

$$Q(D) \cdot x_a(t) = -R(D) \cdot x_e(t). \tag{1}$$

Hierbei ist $D = \dfrac{d}{dt}$ der Differentialoperator, und $Q(D)$ bzw. $R(D)$ sind Polynome m-ten bzw. n-ten Grades in D mit konstanten Koeffizienten. Die charakteristische Gleichung des sich selbst überlassenen Regelkreises ergibt sich aus (1) zu

$$Q(\lambda) = 0. \tag{2}$$

Anwendung der LAPLACE-Transformation auf die Differentialgleichung (1) ergibt bei verschwindenden Anfangsbedingungen im Bildbereich die Frequenzganggleichung

$$Q(p) \cdot X_a(p) = -R(p) \cdot X_e(p), \tag{3}$$

wo

$$X_a(p) = \int_0^\infty x_a(t) \cdot e^{-pt} dt, \qquad X_e(p) = \int_0^\infty x_e(t) \cdot e^{-pt} dt$$

die LAPLACE-Transformierten von $x_a(t)$ bzw. $x_e(t)$ sind. Aus (3) erhält man den Frequenzgang des aufgeschnittenen Regelkreises zu:

$$\frac{X_a(p)}{X_e(p)} = -\frac{R(p)}{Q(p)} = F_0(p). \tag{4}$$

Die Differentialgleichung des sich selbst überlassenen geschlossenen Regelkreises bei abgeschalteten Störgrößen ergibt sich aus (1) auf Grund der Schließungsbedingung

$$x_a(t) = x_e(t) = x(t)$$

zu

$$\{Q(D) + R(D)\} \cdot x(t) = 0, \qquad D = \frac{d}{dt}, \tag{5}$$

und die charakteristische Gleichung des geschlossenen Regelkreises ist

$$Q(\lambda) + R(\lambda) = 0. \tag{6}$$

Der geschlossene Regelkreis ist dann und nur dann stabil, wenn die Wurzeln der charakteristischen Gl. (6) sämtlich in der linken λ-Halbebene liegen.

1.2 Stabilitätsprüfung mittels der F_0-Ortskurve des aufgeschnittenen Regelkreises

Nun besteht ein direkter Zusammenhang zwischen dem Verlauf der Ortskurve des Frequenzganges $F_0(j\omega) = -\dfrac{R(j\omega)}{Q(j\omega)}$ des aufgeschnittenen Regelkreises und der Lageverteilung der Wurzeln der charakteristischen Gleichung $R(\lambda) + Q(\lambda) = 0$, der am einfachsten durch Anwendung des Residuensatzes auf das Integral

$$\frac{1}{2\pi j} \int_{\mathfrak{L}} \frac{\varphi'(p)}{\varphi(p)}\, dp \quad \text{mit} \quad \varphi(p) = \frac{R(p)+Q(p)}{Q(p)} = 1 + \frac{R(p)}{Q(p)} = 1 - F_0(p),$$

erstreckt über einen geeigneten, in der rechten Halbebene liegenden Integrationsweg $\mathfrak{L}$ erhalten wird.

Beachtet man, daß der Grad von $R(p)$ höchstens gleich dem Grad von $Q(p)$ ist und betrachtet die als Bild der imaginären p-Achse definierte Ortskurve $F_0(j\omega) = \dfrac{R(j\omega)}{Q(j\omega)}$, $0 \leq \omega \leq \infty$, in der F_0-Ebene, wobei die eventuell vorhandenen rein imaginären Wurzeln von $Q(\lambda) = 0$ in der p-Ebene auf in der rechten Halbebene gelegenen Halbkreisen bzw. Viertelkreisen zu umgehen sind, je nachdem ob $Q(j\omega) = 0$ für $\omega \neq 0$ bzw. $Q(0) = 0$ ist, so erhält man das bekannte Theorem [2, 5, 6, 21, 24]:

Es sei P_Q die Anzahl der Nullstellen der charakteristischen Gleichung $Q(\lambda) = 0$ des aufgeschnittenen Regelkreises, welche positive Realteile besitzen. Dann ist für die Stabilität des geschlossenen Regelkreises notwendig und hinreichend, daß die zum Frequenzgang $F_0(j\omega) = -\dfrac{R(j\omega)}{Q(j\omega)}$ gehörige Ortskurve den kritischen Punkt $P_k = (1,0)$ derart umläuft, daß der Umlaufswinkel gleich $P_Q \cdot \pi$ ist (entgegen dem Uhrzeigersinn).

Neben dieser Formulierung als Umlaufkriterium ist auch eine zweite Formulierungsart bekannt, welche man als Schnittstellenkriterium bezeichnet.

Nennt man einen Übergang der Ortskurve von $F_0(j\omega)$ (bei wachsendem ω) durch das offene Intervall $[1, \infty]$ der reellen Achse von der unteren in die obere Halbebene negativ und von der oberen in die untere Halbebene positiv, so gilt nach [21, 24] der Satz:

Es sei P_Q die Anzahl der Nullstellen der charakteristischen Gleichung $Q(\lambda) = 0$ des aufgeschnittenen Regelkreises, welche positive Realteile besitzen. Dann ist das geschlossene Regelungssystem dann und nur dann stabil, wenn

1. $F_0(j\omega) \neq 1$ für jedes ω mit $0 \leq \omega \leq \infty$ gilt, d. h., die Ortskurve von $F_0(j\omega)$ läuft nicht durch den kritischen Punkt $P_k = (1,0)$,
2. die Differenz zwischen der Anzahl der negativen und positiven Übergänge der Ortskurve des Frequenzganges $F_0(j\omega) = -\dfrac{R(j\omega)}{Q(j\omega)}$ des aufgeschnittenen Regelkreises durch das offene Intervall $[1, \infty]$ der reellen Achse gleich $P_Q/2$ ist. Beginnt bzw. endet die Ortskurve von $F_0(j\omega)$ bei $\omega = 0$ bzw. $\omega = \infty$ auf dem offenen Intervall $[1, \infty]$ der reellen Achse, so ist das als ein halber Übergang von $F_0(j\omega)$ bei $\omega = 0$ bzw. $\omega = \infty$ zu zählen.

Diesem letzten Satz geben wir nun eine etwas andere Formulierung. Setzen wir

$$F_0(j\omega) = A(\omega) \cdot e^{j\Phi(\omega)},$$

wo also

$$A(\omega) = |F_0(j\omega)| \quad \text{und} \quad \Phi(\omega) = \arg F_0(j\omega)$$

ist, so ergibt sich zunächst folgendes: Ist $\omega_\mu \geq 0$ eine Frequenz, bei der ein Übergang der Ortskurve von $F_0(j\omega)$ auf dem offenen Intervall $[1, \infty]$ der reellen Achse von der unteren in die obere Halbebene stattfindet, so muß in einer Umgebung $0 < |\omega - \omega_\mu| < \delta_\mu$ dieser Frequenz das Argument $\Phi(\omega) = \arg F_0(j\omega)$ wachsen. Das heißt, es muß zu jedem $\omega_\mu \geq 0$, bei dem ein solcher Übergang erfolgt, ein $\delta_\mu > 0$ existieren derart, daß

$$\frac{d\Phi}{d\omega} > 0$$

gilt für alle ω mit $0 < |\omega - \omega_\mu| < \delta_\mu$.

Ist dagegen $\omega_\varkappa \geq 0$ eine Frequenz, bei der die Ortskurve von $F_0(j\omega)$ das offene Intervall $[1, \infty]$ der reellen Achse von der oberen in die untere Halbebene überschreitet, so muß ein $\delta_\varkappa > 0$ existieren derart, daß

$$\frac{d\Phi}{d\omega} < 0$$

gilt für alle ω mit $0 < |\omega - \omega_\varkappa| < \delta_\varkappa$.

Damit kann man den vorigen Satz so formulieren:

Satz 1: Es sei P_Q die Anzahl der Wurzeln der charakteristischen Gleichung des aufgeschnittenen Regelkreises $Q(\lambda) = 0$, welche positive Realteile besitzen. Ferner seien

$$0 \leq \omega_1 < \omega_2 < \ldots < \omega_r \leq \infty$$

die Frequenzen, bei denen $\operatorname{Im} F_0(j\omega_\nu) = 0$ und $\operatorname{Re} F_0(j\omega_\nu) > 1$ ($\nu = 1, 2, \ldots, r$) gilt. Mit M werde die Anzahl derjenigen dieser ω_ν bezeichnet, bei denen in einer Umgebung $0 < |\omega - \omega_\nu| < \delta_\nu$ von ω_ν $\dfrac{d\Phi}{d\omega} > 0$ gilt. Mit N werde die Anzahl derjenigen ω_ν bezeichnet, für die in einer Umgebung $0 < |\omega - \omega_\nu| < \delta_\nu$ von ω_ν $\dfrac{d\Phi}{d\omega} < 0$ gilt. Ist $\omega_1 = 0$ oder $\omega_r = \infty$, so sind ω_1 bzw. ω_r bei der Bildung der Zahlen M bzw. N nicht als 1, sondern als ½ zu zählen. Für die Stabilität des geschlossenen Systems ist dann notwendig und hinreichend, daß

1. $F_0(j\omega) \neq 1$ für jedes ω mit $0 \leq \omega \leq \infty$ gilt, d. h., die Ortskurve von $F_0(j\omega)$ läuft nicht durch den kritischen Punkt $P_k = (1,0)$,
2. $M - N = \dfrac{P_Q}{2}$ gilt.

1.3 Stabilitätsprüfung mittels der Frequenzgänge von Regler und Regelstrecke

Betrachten wir einen Regelkreis mit dem in Abb. 1 dargestellten Blockschaltbild, bei dem sich also der Frequenzgang des aufgeschnittenen Regelkreises nach der Formel

$$F_0(p) = -F_S(p) \cdot F_R(p) = -\frac{R_S(p)}{Q_S(p)} \cdot \frac{R_R(p)}{Q_R(p)}$$

aus den Frequenzgängen von Strecke und Regler zusammensetzt, und setzen wir

$$\Phi_S^{-1}(\omega) = \arg\left\{-\frac{1}{F_S(j\omega)}\right\} = \arg\left\{-\frac{Q_S(j\omega)}{R_S(j\omega)}\right\}, \tag{7}$$

$$\Phi_R(\omega) = \arg\{F_R(j\omega)\} = \arg\left\{\frac{R_R(j\omega)}{Q_R(j\omega)}\right\}, \tag{8}$$

so läßt sich Satz 1 in der folgenden Weise übertragen:

Satz 2: Es sei P_Q die Anzahl der Wurzeln der charakteristischen Gleichung des aufgeschnittenen Regelkreises ($Q_S(\lambda) \cdot Q_R(\lambda) = 0$), welche positive Realteile besitzen. Die Ortskurven von

$$F_R(j\omega) = \frac{R_R(j\omega)}{Q_R(j\omega)} \quad \text{und} \quad -\frac{1}{F_S(j\omega)} = -\frac{Q_S(j\omega)}{R_S(j\omega)}$$

mögen vorliegen, $0 \leq \omega \leq \infty$, und zwar mit Parameterbezifferung. Es seien $0 \leq \omega_1 < \omega_2 < \ldots < \omega_r \leq \infty$ die Frequenzen, für die

$$\left|-\frac{1}{F_S(j\omega_\nu)}\right| < |F_R(j\omega_\nu)| \quad \text{und} \quad \arg\left\{-\frac{1}{F_S(j\omega_\nu)}\right\} = \arg\{F_R(j\omega_\nu)\}$$

gilt, bei denen also die Ortskurvenpunkte $-\dfrac{1}{F_S(j\omega_\nu)}$ und $F_R(j\omega_\nu)$ ($\nu = 1, 2, \ldots, r$) jeweils auf derselben vom Nullpunkt ausgehenden Halbgeraden mit dem Richtungswinkel

$$\Phi_\nu = \arg\left\{-\frac{1}{F_S(j\omega_\nu)}\right\} = \arg\{F_R(j\omega_\nu)\}$$

liegen und $\left|-\dfrac{1}{F_S(j\omega_\nu)}\right| < |F_R(j\omega_\nu)|$ ist. Ferner sei M die Anzahl derjenigen ω_ν,

für die in einer Umgebung $0 < |\omega - \omega_\nu| < \delta_\nu$ von ω_ν

$$\frac{d\Phi_R}{d\omega} > \frac{d\Phi_S^{-1}}{d\omega} \tag{9}$$

gilt, und N die Anzahl derjenigen ω_ν, für die in einer Umgebung $0 < |\omega - \omega_\nu| < \delta_\nu$ von ω_ν

$$\frac{d\Phi_R}{d\omega} < \frac{d\Phi_S^{-1}}{d\omega} \tag{10}$$

gilt. Ist $\omega_1 = 0$ bzw. $\omega_r = \infty$, d. h., beginnen bzw. enden die Ortskurven von $-\dfrac{1}{F_S(j\omega)}$ und $F_R(j\omega)$ für $\omega = 0$ bzw. $\omega = \infty$ auf derselben Halbgeraden durch den Nullpunkt, und ist

$$\left|-\frac{1}{F_S(0)}\right| < |F_R(0)| \quad \text{bzw.} \quad \lim_{\omega \to \infty}\left|-\frac{1}{F_S(j\omega)}\right| < \lim_{\omega \to \infty} |F_R(j\omega)|,$$

so sind $\omega_1 = 0$ bzw. $\omega_r = \infty$ bei der Bildung der Zahlen M oder N nicht als 1, sondern als ½ zu zählen. Für die Stabilität des geschlossenen Systems ist dann notwendig und hinreichend, daß

1. für jedes ω mit $0 \leq \omega \leq \infty$ gilt

$$-\frac{1}{F_S(j\omega)} \neq F_R(j\omega),$$

d. h., die Ortskurven von $-1/F_S(j\omega)$ und $F_R(j\omega)$, $0 \leq \omega \leq \infty$, haben bei gleicher Frequenz ω keinen Schnittpunkt,

2. $M - N = \dfrac{P_Q}{2}$ gilt.

Beweis: Satz 2 folgt direkt aus Satz 1.

Zunächst ist

$$\operatorname{Im} F_0(j\omega_\nu) = 0 \quad \text{und} \quad \operatorname{Re} F_0(j\omega_\nu) > 1 \tag{11}$$

gleichbedeutend mit

$$|F_0(j\omega_\nu)| > 1 \quad \text{und} \quad \arg F_0(j\omega_\nu) = \pm 2k\pi. \tag{12}$$

Wegen

$$F_0(j\omega) = -F_S(j\omega) \cdot F_R(j\omega) = \frac{F_R(j\omega)}{-\dfrac{1}{F_S(j\omega)}} \tag{13}$$

muß also bei den Frequenzen ω_ν von Satz 1 gelten:

$$\left|-\frac{1}{F_S(j\omega_\nu)}\right| < |F_R(j\omega_\nu)| \tag{14}$$

und

$$\arg\left\{-\frac{1}{F_S(j\omega_\nu)}\right\} = \arg\{F_R(j\omega_\nu)\}, \tag{15}$$

und umgekehrt folgen aus den Relationen (14) und (15) wegen (13) die Relationen (12) oder (11) von Satz 1. Aus (13) folgt weiter

$\arg\{F_0(j\omega)\} = \arg\{F_R(j\omega)\} - \arg\left\{-\dfrac{1}{F_S(j\omega)}\right\}$, also unter Benutzung der Bezeichnungen (7) und (8)

$$\Phi(\omega) = \Phi_R(\omega) - \Phi_S^{-1}(\omega). \tag{16}$$

Die Relationen

$$\frac{d\Phi}{d\omega} > 0 \quad \text{bzw.} \quad \frac{d\Phi}{d\omega} < 0$$

sind daher gleichbedeutend mit

$$\frac{d\Phi_R(\omega)}{d\omega} > \frac{d\Phi_S^{-1}(\omega)}{d\omega} \quad \text{bzw.} \quad \frac{d\Phi_R(\omega)}{d\omega} < \frac{d\Phi_S^{-1}(\omega)}{d\omega}.$$

Da ferner die Bedingung 1. von Satz 2 der Bedingung 1. von Satz 1 gleichwertig ist, ist der Beweis von Satz 2 erbracht.

Die Parameterbezifferung der Ortskurven dient bei Satz 2 zur Prüfung, ob in einer Umgebung der betr. Frequenz ω die Ungleichung (9) oder (10) gilt. Ist speziell $P_Q = 0$, sind also sowohl die Regelstrecke als auch der Regler für sich stabil oder neutral, so gilt der

Satz 3: Ist der aufgeschnittene einschleifige Regelkreis stabil oder neutral, und liegen die Ortskurven von $F_R(j\omega)$ und von $-\dfrac{1}{F_S(j\omega)}$ mit Parameterbezifferung vor, sind ferner $0 \leq \omega_1 < \omega_2 < \ldots < \omega_r \leq \infty$ die Frequenzen für die

$$\left|-\frac{1}{F_S(j\omega_\nu)}\right| < |F_R(j\omega_\nu)|$$

und

$$\arg\left\{-\frac{1}{F_S(j\omega_\nu)}\right\} = \arg\{F_R(j\omega_\nu)\} \qquad (\nu = 1, 2, \ldots, r),$$

so ist das geschlossene System dann und nur dann stabil, wenn

1. für jedes ω mit $0 \leq \omega \leq \infty$ gilt

$$-\frac{1}{F_S(j\omega)} \neq F_R(j\omega),$$

d. h., die Ortskurven von $-1/F_S(j\omega)$ und $F_R(j\omega)$, $0 \leq \omega \leq \infty$, haben bei gleicher Frequenz ω keinen Schnittpunkt,

2. die Anzahl derjenigen ω_ν, für die in einer Umgebung $0 < |\omega - \omega_\nu| < \delta_\nu$ von ω_ν

$$\frac{d\Phi_R}{d\omega} > \frac{d\Phi_S^{-1}}{d\omega} \qquad (17)$$

gilt, gleich ist der Anzahl der ω_ν, für die in einer Umgebung $0 < |\omega - \omega_\nu| < \delta_\nu$ von ω_ν

$$\frac{d\Phi_R}{d\omega} < \frac{d\Phi_S^{-1}}{d\omega} \qquad (18)$$

ist. Ist $\omega_1 = 0$ bzw. $\omega_r = \infty$, so ist wie bei Satz 2 ω_1 bzw. ω_r nicht als 1, sondern als $\frac{1}{2}$ zu zählen.

Oft liegt der Fall vor, daß

1. der aufgeschnittene Regelkreis stabil oder neutral ist, was speziell dann eintritt, wenn Regler und Regelstrecke für sich genommen stabil sind, und

2. die Ortskurve des Frequenzganges des aufgeschnittenen Systems das links abgeschlossene Intervall $[1, \infty]$ der reellen Achse überhaupt nicht schneidet.

Nach Satz 1 ist in diesem Falle der Regelkreis stabil. Daraus folgt dann wieder speziell das folgende hinreichende Kriterium:

Satz 4: Regelstrecke und Regler seien für sich genommen stabil oder neutral. Liegen die Ortskurven von $-\dfrac{1}{F_S(j\omega)}$ und $F_R(j\omega)$ vor, sind dann ω_ν ($\nu = 1, 2, \ldots, r$) die Frequenzen, für die

$$\arg\left\{-\frac{1}{F_S(j\omega_\nu)}\right\} = \arg\{F_R(j\omega_\nu)\} \qquad (\nu = 1, 2, \ldots, r) \qquad (19)$$

gilt, so ist das geschlossene System stabil, wenn

$$\left|-\frac{1}{F_S(j\omega_\nu)}\right| > |F_R(j\omega_\nu)| \qquad (\nu = 1, 2, \ldots, r) \qquad (20)$$

ist.

Nachdem wir somit die Stabilität eines Regelungssystems mittels Zweiortskurvenverfahren prüfen können, wollen wir nun kurz darauf eingehen, wie mit Hilfe von Zweiortskurvenverfahren ein System charakterisiert werden kann, das auf der Stabilitätsgrenze liegt.

Ist wieder P_Q die Anzahl der charakteristischen Wurzeln des aufgeschnittenen Regelkreises $Q_S(\lambda) \cdot Q_R(\lambda) = 0$, welche positive Realteile besitzen, so liegt das System z. B. auf der Stabilitätsgrenze, wenn

1. die Differenz der wie in Satz 2 gebildeten Zahlen M und N gleich $P_Q/2$ ist:
   $M - N = P_Q/2$,

2. für eine Frequenz $\omega_x \geqq 0$

$$\left| -\frac{1}{F_S(j\omega_x)} \right| = |F_R(j\omega_x)| \tag{21}$$

ist und

$$\arg\left\{-\frac{1}{F_S(j\omega_x)}\right\} = \arg\{F_R(j\omega_x)\}$$

gilt, d. h., die Ortskurven von $-\dfrac{1}{F_S(j\omega)}$ und $F_R(j\omega)$ haben bei der Frequenz ω_x einen Schnittpunkt.

1.4 Beurteilung der Stabilitätsgüte an Hand der Ortskurven von Regler und Regelstrecke

Zusätzlich zu der in Abschnitt 3 beschriebenen Stabilitätsprüfung kann auch die Stabilitätsgüte des Regelungssystems an Hand der Ortskurven von Regler und Regelstrecke beurteilt werden.

Liegt die Ortskurve des Frequenzganges $F_0(j\omega) = -F_R(j\omega) F_S(j\omega)$ eines aufgeschnittenen Regelungssystems vor, so kann mittels des Theorems von NYQUIST in Form des Umlaufs- oder Schnittstellenkriteriums entschieden werden, ob das Regelungssystem stabil ist oder nicht. Gehört die Ortskurve von $F_0(j\omega)$ zu einem stabilen System, so läßt sich die Stabilitätsgüte des Systems in einfacher Weise beurteilen nach dem Abstand der Ortskurve von $F_0(j\omega)$ vom kritischen Punkt $P_k = (1,0)$ der positiv reellen Achse. Einem großen Abstand d entspricht eine ausreichende Stabilitätsgüte, einem kleinen Abstand d eine zu geringe Stabilitätsgüte. Im letzteren Fall kann bei der physikalischen Realisierung des Systems durch die hierbei unvermeidlichen kleinen Änderungen der Koeffizienten des Systems gegenüber den theoretisch ermittelten das theoretisch stabile System zu einem instabilen System geworden sein.

Neben der Charakterisierung der Stabilitätsgüte des Systems durch den Abstand d der Ortskurve von $F_0(j\omega)$ vom kritischen Punkt $P_k = (1,0)$ wird in der Regelungstechnik (besonders im Hinblick auf die Darstellung der Frequenz-Charakteristiken im BODE-Diagramm) häufig die Stabilitätsgüte durch den Amplituden- und Phasenrand charakterisiert. Dabei versteht man unter »Phasenrand« den Phasenwinkel $\Phi = \arg\{F_0(j\omega_\varphi)\}$ an einer Stelle ω_φ, an der $|F_0(j\omega_\varphi)| = 1$ ist, und entsprechend unter dem »Amplitudenrand« die Amplitude $|F_0(j\omega_a)|$ an einer Stelle ω_a, an der $\Phi = \arg\{F_0(j\omega_a)\} = 2k\pi$ ist. Der »Phasenrand« interessiert dabei hauptsächlich für die (eventuell vorhandenen) $\omega_{\varphi 1}$ und $\omega_{\varphi 2}$, für die $|\arg\{F_0(j\omega_{\varphi\nu})\} - 2k\pi|$ die beiden kleinsten Werte annimmt. Entsprechend interessiert der »Amplitudenrand« hauptsächlich für die beiden eventuell vorhandenen ω_{a1} und ω_{a2}, für die $|F_0(j\omega_{av}) - 1|$ die beiden kleinsten Werte annimmt, siehe hierzu Abb. 2.

Sind nun die Ortskurven von $F_R(j\omega)$ und $-\dfrac{1}{F_S(j\omega)}$ mit Parameterbezifferung auf Polarkoordinatenpapier gezeichnet, so lassen sich aus diesem Diagramm neben den Aussagen über die Stabilität auch Aussagen über die Stabilitätsgüte

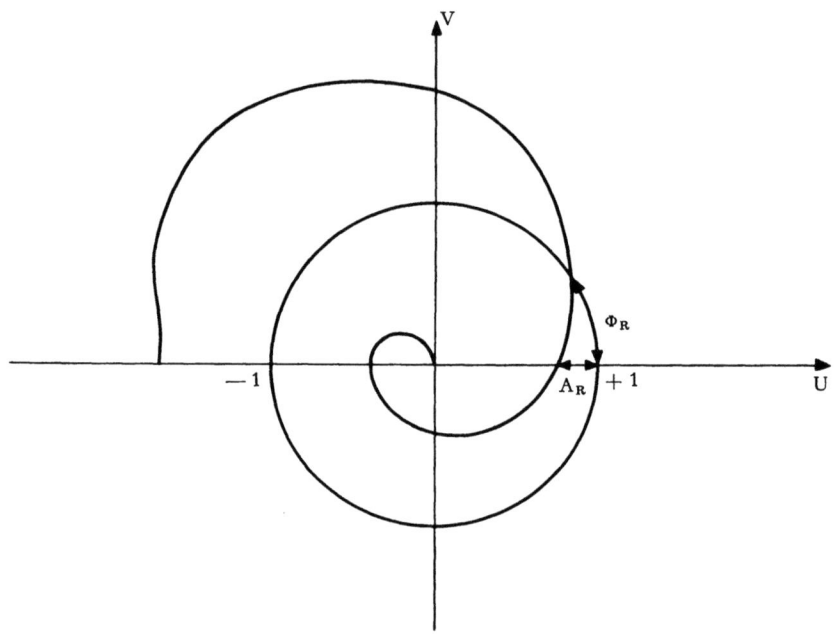

Abb. 2 Amplituden- und Phasenrand in der Ortskurve

ablesen. Zunächst werde nach den im vorigen Abschnitt angegebenen Sätzen untersucht, ob das zugehörige System stabil ist. Ist dies der Fall, so werden Amplituden- und Phasenrand in folgender Weise bestimmt:

1. Man bestimme diejenigen Frequenzen $\omega_{\varphi v}$, für die die Punkte $|F_R(j\omega_{\varphi v})|$ und $\left|-\dfrac{1}{F_S(j\omega_{\varphi v})}\right|$ auf einem Kreis um den Nullpunkt vom Radius r liegen, für die also

$$|F_R(j\omega_{\varphi v})| = r \quad \text{und} \quad \left|-\dfrac{1}{F_S(j\omega_{\varphi v})}\right| = r$$

gilt. Sodann erhält man als zugehörigen Phasenrand

$$\Phi_{\varphi v} = \arg\{F_R(j\omega_{\varphi v})\} - \arg\left\{-\dfrac{1}{F_S(j\omega_{\varphi v})}\right\},$$

wobei durch Addition oder Subtraktion von 2π dafür gesorgt werde, daß $|\Phi_{\varphi v}| \leq \pi$ ist.

Zur Beurteilung der Stabilitätsgüte werden dann diejenigen $\Phi_{\varphi\nu}$ herangezogen, wir bezeichnen sie mit $\Phi_{\varphi 1}$ und $\Phi_{\varphi 2}$, für die $|\Phi_{\varphi\nu}|$ die beiden kleinsten Werte hat.

2. Man bestimme diejenigen Frequenzen $\omega_{a\nu}$, für die die Punkte $F_R(j\omega_{a\nu})$ und $-\dfrac{1}{F_S(j\omega_{a\nu})}$ auf einer Halbgeraden durch den Nullpunkt liegen, für die also

$$\arg\{F_R(j\omega_{a\nu})\} = \arg\left\{-\frac{1}{F_S(j\omega_{a\nu})}\right\}$$

gilt. Sodann erhält man als zugehörigen Amplitudenrand

$$A_{a\nu} = \frac{|F_R(j\omega_{a\nu})|}{\left|-\dfrac{1}{F_S(j\omega_{a\nu})}\right|}.$$

Zur Beurteilung der Stabilitätsgüte werden dann diejenigen $A_{a\nu}$ herangezogen, wir bezeichnen sie mit A_{a1} und A_{a2}, für die $|A_{a\nu}-1|$ die beiden kleinsten Werte hat.

2. Stabilitätsprüfung von stetigen Regelkreisen im logarithmischen Amplituden-Phasen-Diagramm

2.1 Stabilitätsprüfung mittels der logarithmischen Amplituden-Phasen-Charakteristiken von Regler und Regelstrecke

In einfacher Weise können die Sätze 2–4, welche die Stabilitätsprüfung des einschleifigen Regelkreises mittels der Ortskurven von Regler und Regelstrecke gestatten, übertragen werden auf die logarithmischen Diagramme, so daß eine besonders einfache Stabilitätsprüfung mittels der logarithmischen Amplituden-Phasen-Charakteristiken möglich wird. Neben den bereits eingeführten Bezeichnungen führen wir zur einfacheren Formulierung noch die nachfolgenden Bezeichnungen ein:

$$B_S^{-1}(\omega) = 20 \lg \left| -\frac{1}{F_S(j\omega)} \right| = 20 \lg \left| \frac{Q_S(j\omega)}{R_S(j\omega)} \right|, \qquad (22)$$

$$B_R(\omega) = 20 \lg |F_R(j\omega)| = 20 \lg \left| \frac{R_R(j\omega)}{Q_R(j\omega)} \right|. \qquad (23)$$

Beachtet man noch, daß bei der im BODE-Diagramm üblichen Auftragung von $B_S^{-1}(\omega)$ bzw. $B_R(\omega)$ und $\Phi_S^{-1}(\omega)$ bzw. $\Phi_R(\omega)$ über $\lg \omega$

$$\frac{d\Phi_S^{-1}(\omega)}{d\omega} = \frac{d\Phi_S^{-1}(\lg \omega)}{d(\lg \omega)} \cdot \frac{1}{\omega}$$

und $\qquad\qquad\qquad\qquad\qquad\qquad\qquad\qquad (\omega > 0)$

$$\frac{d\Phi_R(\omega)}{d\omega} = \frac{d\Phi_R(\lg \omega)}{d(\lg \omega)} \cdot \frac{1}{\omega}$$

gilt, so erhält man direkt den folgenden

Satz 5: Es sei P_Q die Anzahl der Wurzeln der charakteristischen Gleichung des aufgeschnittenen Regelkreises ($Q_S(\lambda) \cdot Q_R(\lambda) = 0$), welche positive Realteile besitzen. Die logarithmischen Amplituden- und Phasen-Charakteristiken von

$$B_S^{-1}(\omega) = 20 \lg \left| -\frac{1}{F_S(j\omega)} \right|, \quad \Phi_S^{-1}(\omega) = \arg\left\{ -\frac{1}{F_S(j\omega)} \right\}$$

und

$$B_R(\omega) = 20 \lg |F_R(j\omega)|, \qquad \Phi_R(j\omega) = \arg\{F_R(j\omega)\}$$

mögen im BODE-Diagramm vorliegen, $0 \leq \omega \leq \infty$. Es seien $0 \leq \omega_1 < \omega_2 < \ldots < \omega_r \leq \infty$ die Frequenzen, für die

und
$$\left. \begin{array}{l} \Phi_S^{-1}(\omega_\nu) \equiv \Phi_R(\omega_\nu) \bmod 2\pi \\ B_S^{-1}(\omega_\nu) < B_R(\omega_\nu) \end{array} \right\} \nu = 1, 2, \ldots, r$$

gilt. Ferner sei M die Anzahl derjenigen ω_ν, für die in einer Umgebung $0 < |\omega - \omega_\nu| < \delta_\nu$ von ω_ν

$$\frac{d\Phi_R(\lg \omega)}{d(\lg \omega)} > \frac{d\Phi_S^{-1}(\lg \omega)}{d(\lg \omega)}$$

gilt, und N die Anzahl derjenigen ω_ν, für die in einer Umgebung $0 < |\omega - \omega_\nu| < \delta_\nu$ von ω_ν

$$\frac{d\Phi_R(\lg \omega)}{d(\lg \omega)} < \frac{d\Phi_S^{-1}(\lg \omega)}{d(\lg \omega)}$$

gilt. Ist $\omega_1 = 0$ bzw. $\omega_R = \infty$, d. h. beginnen bzw. enden die Phasen-Charakteristiken von $\Phi_S^{-1}(\omega)$ und $\Phi_R^{-1}(\omega)$ für $\omega = 0$ bzw. $\omega = \infty$ mod 2π im selben Punkt, und ist

$$B_S^{-1}(0) < B_R(0) \quad \text{bzw.} \quad \lim_{\omega \to \infty} B_S^{-1}(\omega) < \lim_{\omega \to \infty} B_R(\omega),$$

so sind $\omega_1 = 0$ bzw. $\omega_r = \infty$ bei der Bildung der Zahlen M und N nicht als 1, sondern als ½ zu zählen. Für die Stabilität des geschlossenen Systems ist dann notwendig und hinreichend, daß

1. für jedes ω mit $0 \leq \omega \leq \infty$ wenigstens eine der beiden Relationen

$$B_S^{-1}(\omega) \neq B_R(\omega), \quad \Phi_S^{-1}(\omega) \not\equiv \Phi_R(\omega) \bmod 2\pi$$

erfüllt ist,

2. $M - N = \dfrac{P_Q}{2}$ gilt.

Beweis: Satz 5 folgt direkt aus Satz 2.

Ist speziell $P_Q = 0$, was insbesondere dann der Fall ist, wenn sowohl die Regelstrecke als auch der Regler für sich stabil oder neutral sind, so erhält man aus Satz 5 den

Satz 6: Ist der aufgeschnittene einschleifige Regelkreis stabil oder neutral, und liegen die logarithmischen Amplituden- und Phasen-Charakteristiken von

$$B_S^{-1}(\omega) = 20 \lg \left| -\frac{1}{F_S(j\omega)} \right|, \quad \Phi_S^{-1}(\omega) = \arg\left\{ -\frac{1}{F_S(j\omega)} \right\}$$

und

$$B_R(\omega) = 20 \lg |F_R(j\omega)|, \quad \Phi_R(\omega) = \arg\{F_R(j\omega)\}$$

vor, sind ferner $0 \leq \omega_1 < \omega_2 < \ldots < \omega_r \leq \infty$ die Frequenzen, für die
$$\Phi_S^{-1}(\omega_\nu) \equiv \Phi_R(\omega_\nu) \bmod 2\pi \quad \text{und} \quad B_S^{-1}(\omega_\nu) < B_R(\omega_\nu) \qquad (\nu = 1, 2, \ldots, r)$$
gilt, so ist das geschlossene System dann und nur dann stabil, wenn

1. für jedes ω mit $0 \leq \omega \leq \infty$ wenigstens eine der beiden Relationen
$$B_S^{-1}(\omega) \neq B_R(\omega), \quad \Phi_S^{-1}(\omega) \not\equiv \Phi_R(\omega) \bmod 2\pi$$
erfüllt ist,

2. die Anzahl derjenigen ω_ν, für die in einer Umgebung $0 < |\omega - \omega_\nu| < \delta_\nu$ von ω_ν
$$\frac{d\Phi_R(\lg \omega)}{d(\lg \omega)} > \frac{d\Phi_S^{-1}(\lg \omega)}{d(\lg \omega)}$$
gilt, gleich ist der Anzahl der ω_ν, für die in einer Umgebung $0 < |\omega - \omega_\nu| < \delta_\nu$ von ω_ν
$$\frac{d\Phi_R(\lg \omega)}{d(\lg \omega)} < \frac{d\Phi_S^{-1}(\lg \omega)}{d(\lg \omega)}$$
ist. Ist $\omega_1 = 0$ bzw. $\omega_r = \infty$, so ist wie bei Satz 5 ω_1 bzw. ω_r nicht als 1, sondern als $\tfrac{1}{2}$ zu zählen.

Ein besonders einfaches hinreichendes Kriterium erhält man für den häufig auftretenden Fall, daß

1. der aufgeschnittene Regelkreis stabil oder neutral ist, was speziell dann eintritt, wenn Regler und Regelstrecke für sich genommen stabil oder neutral sind, und

2. die Phasen-Charakteristik $\Phi_0(\omega) = \arg\{F_0(j\omega)\}$ des aufgeschnittenen Regelkreises in den Bereichen, in denen die Amplituden-Charakteristik $B_0(\omega) = 20 \lg |F_0(j\omega)|$ positiv ist, der Bedingung $0 < \Phi(\omega) < 2\pi$ genügt.

In diesem Falle ist nach Satz 1 der Regelkreis stabil. Somit erhalten wir wieder speziell das folgende hinreichende Kriterium:

Satz 7: Regler und Regelstrecke seien für sich genommen stabil oder neutral. Liegen die logarithmischen Amplituden-Phasen-Charakteristiken von
$$B_S^{-1}(\omega) = 20 \lg \left| -\frac{1}{F_S(j\omega)} \right|, \quad \Phi_S^{-1}(\omega) = \arg \left\{ -\frac{1}{F_S(j\omega)} \right\}$$
und
$$B_R(\omega) = 20 \lg |F_R(j\omega)|, \quad \Phi_R(\omega) = \arg\{F_R(j\omega)\}$$
vor, sind dann ω_ν ($\nu = 1, 2, \ldots, r$) die Frequenzen, für die
$$\Phi_S^{-1}(\omega_\nu) = \Phi_R(\omega_\nu) \qquad (\nu = 1, 2, \ldots, r)$$

gilt, so ist das geschlossene System stabil, wenn
$$B_S^{-1}(\omega_\nu) > B_R(\omega_\nu) \qquad (\nu = 1, 2, \ldots, r)$$
ist.

Diese hier formulierten Sätze erlauben, mittels der BODE-Diagramme zu entscheiden, ob ein vorgegebenes System stabil oder instabil ist. Insbesondere interessiert nun noch, wie man an Hand der BODE-Diagramme erkennt, ob ein gegebenes System auf der Stabilitätsgrenze liegt.

Es sei hier wieder P_Q die Anzahl der Wurzeln der charakteristischen Gleichung des aufgeschnittenen Regelkreises $Q_S(\lambda) Q_R(\lambda) = 0$, welche positive Realteile besitzen. Dann liegt das System z. B. auf der Stabilitätsgrenze, wenn

1. die Differenz der wie in Satz 5 gebildeten Zahlen M und N gleich $P_Q/2$ ist: $M - N = P_Q/2$, und

2. für eine Frequenz $\omega_x \geqq 0$
$$\Phi_S^{-1}(\omega_x) = \Phi_R(\omega_x) \quad \text{und} \quad B_S^{-1}(\omega_x) = B_R(\omega_x)$$

gilt, d. h., für die Frequenz ω_x besitzen sowohl die betrachteten Amplituden-Charakteristiken als auch die Phasen-Charakteristiken einen Schnittpunkt.

2.2 Beurteilung der Stabilitätsgüte an Hand der logarithmischen Amplituden- und Phasen-Charakteristiken von Regler und Regelstrecke

In Abschnitt 1.4 hatten wir gesehen, daß sich die Güte eines stabilen Systems mit Hilfe des Amplituden- und Phasenrandes charakterisieren läßt. Die Begriffe Amplituden- und Phasenrand sind nun geradezu eingeführt worden, um an Hand des BODE-Diagrammes in möglichst einfacher Weise die Güte eines stabilen Systems beurteilen zu können. Es ist deshalb klar, daß die Beurteilung der Stabilitätsgüte im BODE-Diagramm mittels der logarithmischen Amplituden- und Phasen-Charakteristiken des Reglers und der Regelstrecke in besonders einfacher Weise möglich ist.

Die logarithmischen Amplituden-Charakteristiken
$$B_S^{-1}(\omega) = 20 \lg \left| -\frac{1}{F_S(j\omega)} \right|, \quad B_R(\omega) = 20 \lg |F_R(\omega)| \qquad (25)$$

und die Phasen-Charakteristiken
$$\Phi_S^{-1}(\omega) = \arg \left\{ -\frac{1}{F_S(j\omega)} \right\}, \quad \Phi_R(\omega) = \arg \{F_R(j\omega)\} \qquad (26)$$

mögen also in Form des BODE-Diagramms vorliegen. Ferner sei das System stabil. Aus den Relationen (25) und (26) zusammen mit der Gleichung
$$F_0(j\omega) = -F_R(j\omega) F_S(j\omega)$$

lassen sich dann bei Beachtung der in Abschnitt 1.4 eingeführten Begriffe des Amplituden- und Phasenrandes folgende Aussagen entnehmen:

1. Gilt für eine Frequenz $\omega_{\varphi\nu}$ die Gleichung $|F_0(j\omega_{\varphi\nu})| = 1$, so ist

$$B_S^{-1}(\omega_{\varphi\nu}) = B_R(\omega_{\varphi\nu}), \tag{27}$$

d. h., für eine solche Frequenz haben die beiden Amplituden-Charakteristiken $B_S^{-1}(\omega)$ und $B_R(\omega)$ einen Schnittpunkt, und der Phasenrand Φ ist gegeben durch

$$\Phi_{\varphi\nu} = \left[\arg\{F_R(j\omega_{\varphi\nu})\} - \arg\left\{-\frac{1}{F_S(j\omega_{\varphi\nu})}\right\} + 2k\pi\right], \tag{28}$$

wobei die ganze Zahl k so gewählt werde, daß $|\Phi_{\varphi\nu}| \leq \pi$ ist. Bei der Ermittlung des Phasenrandes sind also nur die Frequenzen zu betrachten, bei denen die Amplituden-Charakteristiken $B_S^{-1}(\omega)$ und $B_R(\omega)$ sich schneiden. Die zugehörigen Phasenwinkel $\Phi_{\varphi\nu}$ kann man durch Subtraktion der Phasenwinkel $\Phi_R(\omega_{\varphi\nu})$ und $\Phi_S^{-1}(\omega_{\varphi\nu})$ und Reduktion dieses Winkels auf das Intervall $-\pi \leq \Phi_{\varphi\nu} \leq \pi$ erhalten.

Zur Beurteilung der Stabilitätsgüte werden dann die $\Phi_{\varphi\nu}$ herangezogen, wir bezeichnen sie mit $\Phi_{\varphi 1}$ und $\Phi_{\varphi 2}$, für die $|\Phi_{\varphi\nu}|$ die beiden kleinsten Werte hat.

2. Gilt für eine Frequenz $\omega_{a\nu}$ die Gleichung $\arg\{F_0(j\omega_{a\nu})\} = 2k\pi$, so ist

$$\arg\{F_R(j\omega_{a\nu})\} = \arg\left\{-\frac{1}{F_S(j\omega_{a\nu})}\right\} + 2k\pi. \tag{29}$$

Bei den in den Anwendungen auftretenden Fällen wird meistens $k = 0$ sein, in diesem Falle haben dann die Phasen-Charakteristiken $\Phi_R(\omega)$ und $\Phi_S^{-1}(\omega)$ bei der Frequenz $\omega_{a\nu}$ einen Schnittpunkt.

Der Amplitudenrand $B_{a\nu}$ ist nun

$$B_{a\nu} = B_R(\omega_{a\nu}) - B_S^{-1}(\omega_{a\nu}),$$

wobei $\omega_{a\nu}$ eine Frequenz ist, für die Gl. (29) gilt. Zur Ermittlung des Amplitudenrandes sind also nur die Frequenzen $\omega_{a\nu}$ zu betrachten, für die Gl. (29) gilt. Den zugehörigen Amplitudenrand $B_{a\nu}$ erhält man durch Subtraktion der Amplituden $B_R(\omega_{a\nu})$ und $B_S^{-1}(\omega_{a\nu})$. Zur Beurteilung der Stabilitätsgüte werden dann diejenigen $B_{a\nu}$ herangezogen, für die $|B_{a\nu}|$ die beiden kleinsten Werte hat.

Damit hat man die Möglichkeit, allein an Hand der logarithmischen Amplituden- und Phasen-Charakteristiken von Regler und Regelstrecke neben der Stabilität auch die Stabilitätsgüte des Systems zu beurteilen.

3. Stabilitätsprüfung von Abtastsystemen mit Hilfe des Zweiortskurvenverfahrens

3.1 Beschreibung der Abtastsysteme mittels der z-Transformation

Regelungssysteme mit Abtastung gewinnen in der modernen Regelungstechnik immer stärker an Bedeutung. Insbesondere bei der Regelung von Werkzeugmaschinen hat sich die digitale Regelung sehr stark durchgesetzt.
In gleicher Weise, wie sich nun die Methode der LAPLACE-Transformation zur Untersuchung des Übertragungsverhaltens stetiger Regelungssysteme bewährt hat, erlaubt die Methode der z-Transformation eine einfache und übersichtliche Behandlung von Abtastsystemen und Regelungssystemen mit digitalen Elementen. Hier wollen wir diese Methode nicht in völliger mathematischer Strenge und im einzelnen darstellen (s. hierzu [10, 15, 22, 26, 27]), sondern nur kurz aufzeigen, wie man zu einer der Frequenzganggleichung bei stetigen Systemen analogen Beschreibung der Übertragungseigenschaften von Impulssystemen mittels der z-Transformation gelangen kann.

Das wesentlichste Glied eines Systems mit Abtastung ist der Abtaster.

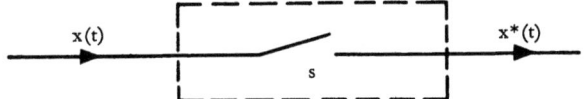

Abb. 3 Blockschaltbild eines Abtasters

Dabei bezeichnen wir als Abtaster ein Übertragungssystem mit der Eigenschaft, daß das stetige Eingangssignal $x(t)$ in eine Folge von sehr kurzen, in den Zeitpunkten $0, \pm T, \pm 2T, \pm 3T, \ldots, \pm nT, \ldots$ auftretenden Impulsen umgewandelt wird, wobei die jeweilige Impulsstärke gleich $x(nT)$ $(n = 0, \pm 1, \pm 2, \ldots)$ ist.

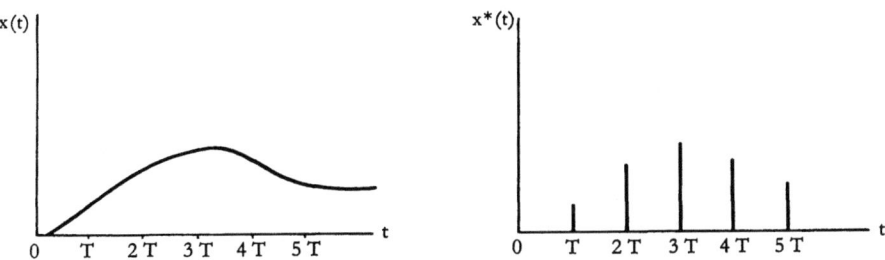

Abb. 4 Ein- und Ausgangssignal eines Abtasters

Ist also δ(t) die Diracsche δ-Funktion, und setzt man

$$\delta_T(t) = \sum_{n=-\infty}^{\infty} \delta(t - nT), \qquad (30)$$

so formt also der ideale Abtaster das stetige Eingangssignal x(t) in das Ausgangssignal

$$x^*(t) = x(t)\, \delta_T(t) = x(t) \sum_{n=-\infty}^{\infty} \delta(t - nT)$$

$$= \sum_{n=-\infty}^{\infty} x(nT)\, \delta(t - nT) \qquad (31)$$

um, wobei

$$x(nT) = \int_{-\infty}^{\infty} x(t)\, \delta(t - nT)\, dt$$

gilt. Wendet man auf die Gl. (31) die LAPLACE-Transformation an, so erhält man:

$$X^*(p) = \mathfrak{L}[x^*(t)] = \sum_{n=0}^{\infty} x(nT) \cdot \mathfrak{L}[\delta(t - nT)]$$

oder

$$X^*(p) = \sum_{n=0}^{\infty} x(nT) \cdot e^{-nTp}. \qquad (32)$$

Setzt man noch

$$z = e^{Tp}$$

und benutzt die abgekürzte Bezeichnung X(z) für $X^*\left(\dfrac{1}{T} \cdot \ln z\right)$, so ergibt sich

$$X(z) = \sum_{n=0}^{\infty} x(nT)\, z^{-n}. \qquad (33)$$

Die durch diese Gleichung beschriebene Transformation der Funktion x(t) in die Funktion X(z) bezeichnet man als z-Transformation. In gleicher Weise wie bei der LAPLACE-Transformation der Originalfunktion x(t) die Bildfunktion $x(p) = \mathfrak{L}[x(t)] = \int_0^{\infty} x(t)\, e^{-pt} dt$ zugeordnet wird, ordnet die z-Transformation der Originalfunktion x(t) die Bildfunktion X(z) nach Gl. (33) zu. Symbolisch schreiben wir diese Zuordnung in der Form

$$X(z) = \mathfrak{z}\{x(t)\}, \qquad (34)$$

wobei

$$\mathfrak{z}\{x(t)\} = \mathfrak{L}\{x^*(t)\}_{p=(1/T)\ln z} = X^*\left(\dfrac{1}{T} \ln z\right) \qquad (35)$$

ist.

Vom Standpunkt der Funktionentheorie ist die rechts in Gl. (33) auftretende Reihe der Form $\sum_{n=-\infty}^{\infty} a_n z^n$ eine LAURENT-Reihe, bei der die Potenzen mit positiven Exponenten fehlen und $a_{-n} = x(n\,T)$ ist. Das Konvergenzgebiet einer solchen LAURENT-Reihe mit dem Nullpunkt als Entwicklungspunkt und mit fehlendem regulären Teil ist aber stets das Äußere eines Kreises um den Nullpunkt $|z| > R$, vorausgesetzt, daß diese Reihe überhaupt irgendwo konvergiert. Ist $R_1 > R$, so konvergiert die betrachtete LAURENT-Reihe für $|z| \geq R_1$ gleichmäßig, und Entsprechendes gilt für die mit einer Potenz z^{r-1} multiplizierte Reihe:

$$X(z)\,z^{r-1} = \sum_{n=0}^{\infty} x(n\,T)\,z^{-n+r-1}. \tag{36}$$

Integriert man diese Gleichung im mathematisch positiven Sinn über eine einfach geschlossene, den Nullpunkt umschließende, im Bereich $|z| \geq R_1$ liegende Kurve $\mathfrak{L}$, so darf links gliedweise integriert werden, und unter Beachtung der Gleichungen

$$\int_{\mathfrak{L}} z^\nu\,dz = \begin{cases} 0 & \text{für } \nu \text{ ganz, } \nu \neq -1 \\ 2\pi & \text{für } \nu = -1 \end{cases}$$

ergibt sich

$$x(r\,T) = \frac{1}{2\pi} \int_{\mathfrak{L}} X(z)\,z^{r-1}\,dz. \tag{37}$$

Damit ist die Umkehrformel der z-Transformation abgeleitet, welche die Bestimmung der $x(n\,T)$ aus der z-Transformierten $X(z)$ erlaubt. Ist $X(z)$ eine in einer Umgebung des unendlich fernen Punktes eindeutige und reguläre Funktion, so gestattet Formel (37) die Bestimmung der $x(n\,T)$, wobei für $\mathfrak{L}$ eine einfach geschlossene, positiv orientierte Kurve zu wählen ist, welche den Nullpunkt und sämtliche Singularitäten von $X(z)$ umschließt.

Ist $x(t)$ als Funktion der Zeit gegeben, so erlaubt Gl. (33), die z-Transformierte $X(z)$ direkt zu bestimmen. Häufig tritt nun der Fall auf, daß nicht $x(t)$, sondern ihre LAPLACE-Transformierte $X(p)$ gegeben ist, so daß Gl. (33) zur Bestimmung der z-Transformierten nicht unmittelbar angewandt werden kann. Erwünscht wäre eine Formel, welche $X(z)$ und $X(p)$ direkt zueinander in Beziehung setzt. Eine solche Relation kann nun in der folgenden Weise erhalten werden.

Nach der Definitionsgleichung (30) ist $\delta_T(t)$ eine periodische Funktion mit der Periode T und erlaubt mithin eine Darstellung in Form einer komplexen Fourierreihe:

$$\delta_T(t) = \sum_{n=-\infty}^{\infty} c_n e^{jn\omega_s t},$$

wobei

$$\omega_s = \frac{2\pi}{T} = 2\pi\,f_s$$

die Kreisfrequenz und

$$c_n = \frac{1}{T} \int_{-T/2}^{T/2} \delta_T(t)\, e^{-jn\omega_s t} = \frac{1}{T}$$

die Fourierkoeffizienten von $\delta_T(t)$ sind. Es gilt also

$$\delta_T(t) = \frac{1}{T} \sum_{n=-\infty}^{\infty} e^{jn\omega_s t}.$$

Ist $x(t)$ die Eingangsgröße des Abtasters, so erhalten wir nach (31) als seine Ausgangsgröße

$$x^*(t) = \frac{1}{T} \sum_{n=-\infty}^{\infty} x(t)\, e^{jn\omega_s t}. \tag{38}$$

Wenden wir auf diese Gleichung die LAPLACE-Transformation an, so wird:

$$X^*(p) = \frac{1}{T} \sum_{n=-\infty}^{\infty} \mathfrak{L}\{x(t)\, e^{jn\omega_s t}\}.$$

Ist also $X(p) = \mathfrak{L}\{x(t)\}$ die LAPLACE-Transformierte von $x(t)$, so erhält man hieraus bei Berücksichtigung des Verschiebungssatzes der LAPLACE-Transformation

$$X^*(p) = \frac{1}{T} \sum_{n=-\infty}^{\infty} X(p + jn\omega_s). \tag{39}$$

Die durch die Gl. (32) oder (39) vermittelte Beziehung zwischen $x(t)$ bzw. $X(p)$ und $X^*(p)$ ist nun auch wieder eine Funktionaltransformation und wird als D-Transformation bezeichnet. Führt man in (39) noch $z = e^{Tp}$ als unabhängige Veränderliche ein, so erhalten wir die gewünschte Relation

$$X(z) = X^*\left(\frac{\ln z}{T}\right) = \frac{1}{T} \sum_{n=-\infty}^{\infty} X\left(\frac{\ln z + 2\pi j n}{T}\right) \tag{40}$$

zwischen der z-Transformierten und der LAPLACE-Transformierten von $x(t)$. Aus Gl. (39) entnehmen wir noch die Periodizität der Funktion $X^*(p)$:

$$X^*(p + jn\omega_s) = X^*(p). \tag{41}$$

Neben Formel (40) ist eine weitere Formel zur Bestimmung der z-Transformierten direkt aus der LAPLACE-Transformierten $X(p) = \mathfrak{L}[x(t)]$ noch von großer Wichtigkeit. Man kann sie in der folgenden Weise erhalten. Nach Gl. (31) gilt

$$x^*(t) = x(t)\, \delta_T(t).$$

Sind nun $X(p) = \mathfrak{L}[x(t)]$ und $\Delta_T(p) = \mathfrak{L}[\delta_T(t)]$ die LAPLACE-Transformierten von $x(t)$ und $\delta_T(t)$, so gilt nach dem komplexen Faltungssatz der LAPLACE-Transformation:

$$\mathfrak{L}[x^*(t)] = X^*(p) = X(p) * \Delta_T(p). \tag{40}$$

Nun ist

$$\mathfrak{L}[\delta_T(t)] = \Delta_T(p) = 1 + e^{-Tp} + e^{-2Tp} + \cdots + e^{-nTp} + \cdots = \frac{1}{1 - e^{-Tp}},$$
(43)

vorausgesetzt, daß

$$|e^{-Tp}| < 1$$

gilt. Aus (43) entnimmt man, daß die Funktion $\Delta_T(p)$ einfache Polstellen in den Punkten

$$p = \pm \frac{j 2 \pi n}{T}$$

besitzt und damit auch alle Singularitäten von $\Delta_T(p)$ erfaßt sind. Nach (42) gilt also, wenn wir noch voraussetzen, daß $X(p)$ eine rationale Funktion mit einer Nullstelle im unendlich fernen Punkt ist:

$$X^*(p) = X(p) * \frac{1}{1 - e^{-Tp}} = \frac{1}{2\pi j} \int_{\mathfrak{L}} X(\chi) \frac{1}{1 - e^{-T(p-\chi)}} d\chi,$$
(44)

wobei der einfach geschlossene, positiv orientierte Integrationsweg $\mathfrak{L}$ die in Abb. 5 dargestellte Form haben soll, so daß also sein Innengebiet die Polstellen

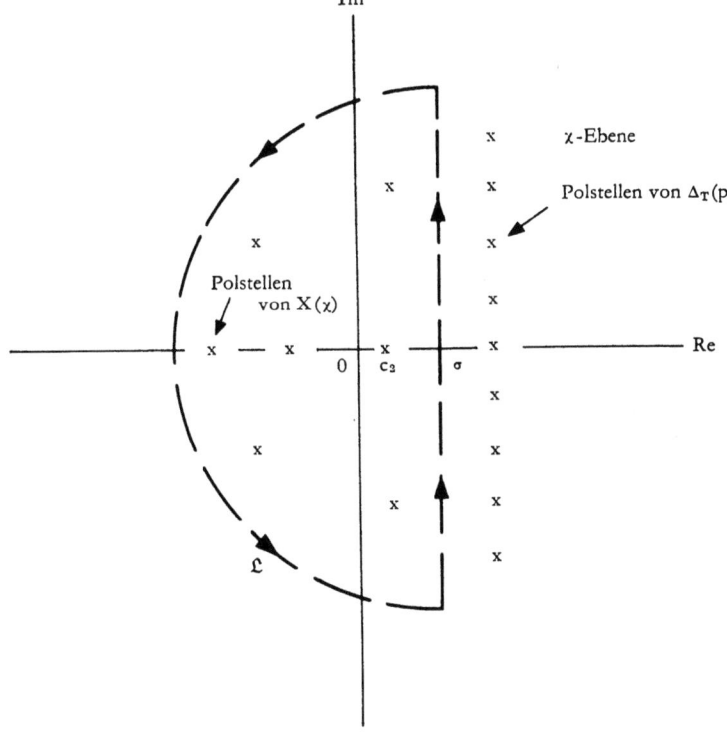

Abb. 5 Der in Gl. (44) zugrunde liegende Integrationsweg

von $X(\chi)$ enthält, wogegen die Polstellen von $1/1 - e^{-T(p-\chi)}$ sämtlich in seinem Außengebiet liegen und also $c_1 > \sigma > c_2$ gilt. Dabei ist $p = c_1 + j\omega$, also c_1 der Realteil der komplexen Zahl p, und c_2 ist der maximale Realteil der Polstellen von $X(\chi)$. Damit kann nun das Integral (44) nach der Residuenmethode ausgewertet werden. Besitzt $X(\chi)$ die Polstellen $p_1, p_2, \ldots, p_m$, so gilt also

$$X^*(p) = \sum_k \frac{1}{1 - e^{-T(p-p_k)}} \cdot (\text{Residuen von } X(\chi) \text{ für } \chi = p_k). \qquad (45)$$

Gehen wir von der Darstellung

$$X(p) = \frac{R(p)}{Q(p)}$$

aus, wobei also $R(p)$ und $Q(p)$ Polynome in p sind, der Grad von $Q(p)$ größer als der Grad von $R(p)$ ist und $X(p)$ nur einfache Polstellen besitzt, so erhält man für das Residuum von $X(\chi)$ an der Polstelle $\chi = p_k$:

$$\text{Res}[X(\chi)]_{\chi = p_k} = \frac{R(p_k)}{Q'(p_k)}$$

und damit aus Gl. (45):

$$X^*(p) = \sum_{k=1}^{m} \frac{P(p_k)}{Q'(p_k)} \frac{1}{1 - e^{Tp_k} \cdot e^{-Tp}}. \qquad (46)$$

Die Gln. (32), (39) und (45) sind die fundamentalen Gleichungen zur Beschreibung von Abtastsystemen mittels der D-Transformation.
Setzen wir noch

$$z = e^{-Tp},$$

so folgt aus (45):

$$X(z) = \sum_k \frac{1}{1 - e^{Tp_k} \cdot z} \cdot (\text{Residuen von } X(\chi) \text{ für } \chi = p_k). \qquad (47)$$

Insbesondere entnehmen wir der Gl. (46) und allgemeiner der Gl. (47), daß einer rationalen Funktion $X(p)$, welche den gestellten Bedingungen genügt, stets eine rationale z-Transformierte $X(z)$ entspricht.

3.2 Die Charakterisierung der Übertragungseigenschaften eines geschlossenen linearen Abtastsystems mittels der z-Transformation

Betrachtet werde nun das in Abb. 6 gezeigte lineare Übertragungssystem mit zwei synchron arbeitenden Abtastern der Tastperiode T.
Die in das Blockschaltbild eingetragenen Funktionen sind die LAPLACE-Transformierten der entsprechenden Zeitfunktionen. So ist z. B. $X^*(p)$ die LAPLACE-Transformierte der Ausgangsgröße $x^*(t)$ des ersten Schalters, $F(p)$ die LAPLACE-

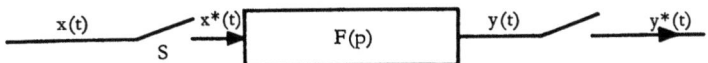

Abb. 6 Blockschaltbild eines Abtastsystems mit zwei synchron arbeitenden Abtastern

Transformierte der Impuls-Antwort-Funktion f(t) des durch das Kästchen angedeuteten stetigen linearen Übertragungssystems und also auch dessen Übertragungsfunktion.

Es gilt somit
$$Y(p) = F(p) \cdot X^*(p), \qquad (48)$$

und nach (39) erhalten wir für die D-Transformierte
$$Y^*(p) = \frac{1}{T} \sum_{n=-\infty}^{\infty} Y(p + jn\omega_s) = \frac{1}{T} \sum_{n=-\infty}^{\infty} F(p + jn\omega_s) X^*(p + jn\omega_s).$$

Beachtet man noch die durch (41) ausgedrückte Periodizitätseigenschaft der Funktion $X^*(p)$, so folgt hieraus:
$$Y^*(p) = X^*(p) \left[\frac{1}{T} \sum_{n=-\infty}^{\infty} F(p + jn\omega_s) \right]$$

oder einfach bei Berücksichtigung der Gl. (39):
$$Y^*(p) = X^*(p) \cdot F^*(p). \qquad (49)$$

Damit gilt also:
$$[F(p) X^*(p)]^* = X^*(p) F^*(p), \qquad (50)$$

eine für die Behandlung linearer Impulssysteme äußerst wichtige Eigenschaft der D-Transformation.

Ersetzt man in Gl. (49) noch p durch $\frac{1}{T} \ln z$, so erhält man nach (34) und (35):
$$Y(z) = F(z) X(z) \quad \text{oder} \quad F(z) = \frac{Y(z)}{X(z)}. \qquad (51)$$

In Analogie zur Übertragungsfunktion stetiger linearer Systeme bezeichnet man daher F(z) als Impulsübertragungsfunktion oder z-Übertragungsfunktion des linearen Impulssystems. Die Gl. (51) besagt dann, daß die z-Transformierte der Ausgangsgröße gleich ist dem Produkt aus der Impulsübertragungsfunktion des Systems und der z-Transformierten der Eingangsgröße.

Nunmehr sind wir in der Lage, die Übertragungseigenschaften des in Abb. 7 dargestellten geschlossenen Systems mittels der z-Transformation zu untersuchen.

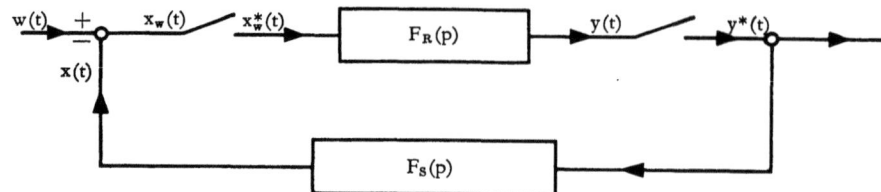

Abb. 7 Blockschaltbild eines geschlossenen Abtastsystems mit zwei synchron arbeitenden Abtastern

Mit den Bezeichnungen von Abb. 7 gelten die folgenden Relationen:

$$X_W(p) = W(p) - F_S(p) \cdot Y^*(p), \tag{52}$$

$$Y(p) = F_R(p) X_W^*(p). \tag{53}$$

Wendet man auf diese beiden Gleichungen die D-Transformation an, so erhält man unter Berücksichtigung ihrer Linearitätseigenschaft und der Eigenschaft (50):

$$X_W^*(p) = W^*(p) - F_S^*(p) Y^*(p), \tag{54}$$

$$Y^*(p) = F_R^*(p) X_W^*(p). \tag{55}$$

Eliminiert man aus diesen Gleichungen $X_W^*(p)$, so folgt für die LAPLACE-Transformierte der Ausgangsgröße unseres Systems:

$$Y^*(p) = \frac{F_R^*(p) W^*(p)}{1 + F_S^*(p) F_R^*(p)}, \tag{56}$$

und für die zugehörige z-Transformierte ergibt sich:

$$Y(z) = \frac{F_R(z) W(z)}{1 + F_S(z) F_R(z)}, \tag{57}$$

eine Relation, die zu der entsprechenden des stetigen linearen Übertragungssystems von Abb. 1:

$$Y(p) = \frac{F_R(p) W(p)}{1 + F_S(p) F_R(p)}$$

völlig analog ist.

Wir bemerken noch, daß auch hier

$$F_0(z) = - F_R(z) F_S(z)$$

die Impulsübertragungsfunktion des aufgeschnittenen Regelkreises ist. Um diese Relation abzuleiten, betrachten wir den in Abb. 8 dargestellten aufgeschnittenen Regelkreis.

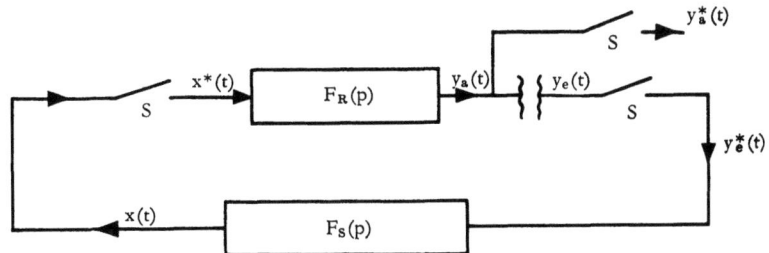

Abb. 8 Blockschaltbild eines aufgeschnittenen Abtastsystems mit synchron arbeitenden Abtastern

Aus Abb. 8 entnimmt man die folgenden Relationen:

$$Y_a(p) = - F_R(p) X^*(p),$$
$$X(p) = F_S(p) Y_e^*(p).$$

Wendet man auf diese Gleichungen die D-Transformation an, so erhält man unter Berücksichtigung der Eigenschaft (50):

$$Y_a^*(p) = - F_R^*(p) X^*(p)$$
$$X^*(p) = F_S^*(p) Y_e^*(p).$$

Eliminiert man aus diesen beiden Gleichungen $X^*(p)$, so folgt

$$Y_a^*(p) = - F_R^*(p) F_S^*(p) Y_e^*(p),$$

und für die zugehörige z-Transformierte ergibt sich:

$$Y_a(z) = - F_R(z) F_S(z) Y_e(z). \tag{58}$$

Damit ist für $F_0(z) = - F_R(z) \cdot F_S(z)$ die Berechtigung der Bezeichnung »Impulsübertragungsfunktion« des aufgeschnittenen Regelkreises erwiesen.

3.3 Die Stabilitätsprüfung bei Abtastsystemen auf Grund der Wurzelverteilung ihrer charakteristischen Gleichung

Auch für Abtastsysteme ist die Frage nach der Stabilität des Systems eine der wichtigsten und fundamentalsten. Um die Stabilitätsbedingungen für die Impulsübertragungsfunktion eines linearen Abtastsystems zu erhalten, betrachten wir wieder das in Abb. 6 dargestellte System mit zwei synchron arbeitenden Abtastern der Tastperiode T. Wie wir im vorigen Abschnitt sahen, sind die Übertragungseigenschaften eines solchen Systems vollständig charakterisiert durch die Gleichung

$$Y(z) = F(z) \cdot X(z), \tag{59}$$

wobei $X(z)$ bzw. $Y(z)$ die z-Transformierten der Eingangs- bzw. Ausgangsgröße sind und $F(z)$ die Impulsübertragungsfunktion des Systems bezeichnet. Ferner gelten nach der Umkehrformel der z-Transformation Gl. (37) die Relationen:

$$x(n\,T) = \frac{1}{2\pi j} \int_{\mathfrak{L}_1} X(z)\, z^{n-1}\, dz \qquad (60)$$

und

$$y(n\,T) = \frac{1}{2\pi j} \int_{\mathfrak{L}_2} Y(z)\, z^{n-1}\, dz = \frac{1}{2\pi j} \int_{\mathfrak{L}_2} F(z)\, X(z)\, z^{n-1}\, dz, \qquad (61)$$

wobei $\mathfrak{L}_1$ bzw. $\mathfrak{L}_2$ einfach geschlossene, positiv orientierte Wege sind, welche den Nullpunkt und die Singularitäten von $X(z)$ bzw. $Y(z) = F(z)\,X(z)$ umschließen.

Wir betrachten jetzt solche Eingangsgrößen $x(t)$, welche

1. beschränkt sind, und für die

2. die z-Transformierte $X(z) = \sum\limits_{n=0}^{\infty} x(n\,T)\, z^{-n}$ nur isolierte singuläre Stellen besitzt.

Dann zeigt man leicht, daß hierbei die erste Forderung ersetzt werden kann durch die Forderung, daß die Singularitäten von $X(z)$ sämtlich im Einheitskreis $|z| \leq 1$ liegen.

Ist die Bedingung 1 erfüllt, gilt also

$$|x(n\,T)| \leq M \qquad n = 0, 1, 2, \ldots,$$

so ist die für $|z| > 1$ konvergente Reihe

$$\sum_{n=0}^{\infty} M\,|z|^{-n} = M \sum_{n=0}^{\infty} |z|^{-n} = \frac{M}{1 - \dfrac{1}{|z|}}$$

eine Majorante der Reihe

$$X(z) = \sum_{n=0}^{\infty} x(n\,T)\, z^{-n}.$$

Hieraus folgt, daß die Funktion $X(z)$ für $|z| > 1$ eindeutig und regulär ist, ihre singulären Stellen liegen also ausschließlich im Kreise $|z| \leq 1$.

Umgekehrt erhält man aus Gl. (60), wenn man das rechts auftretende Integral nach der Residuenmethode auswertet:

$$x(n\,T) = \sum_{k=1}^{m} \{\text{Residuum von } X(z) \text{ für } z = z_k\}\, z_k^{n-1}, \qquad (62)$$

wobei z_k ($k = 1, 2, \ldots, m$) die singulären Stellen von $X(z)$ sind, deren Anzahl wegen der Forderung 2 endlich ist. Hieraus ersieht man, daß aus der Bedingung

$$|z_k| \leq 1 \qquad (k = 1, 2, \ldots, m)$$

die Beschränktheit der Zahlenfolge $x(n\,T)$ folgt.

Nunmehr betrachten wir Gl. (61) für Eingangsgrößen x(t), welche den vorhin angegebenen Bedingungen genügen. Ferner setzen wir voraus, daß die Impulsübertragungsfunktion F(z) des Systems eine rationale Funktion ist, eine Forderung, die für alle praktisch auftretenden Systeme erfüllt ist.

Nach Gl. (61) gilt dann

$$y(nT) = \frac{1}{2\pi j} \int_{\mathfrak{L}_2} F(z) X(z) z^{n-1} dz,$$

wobei der einfach geschlossene, positiv orientierte Weg $\mathfrak{L}_2$ den Nullpunkt und die Singularitäten von F(z) X(z) umschließt. Das hier rechts auftretende Integral kann nun nach der Residuenmethode ausgewertet werden. Hierbei können wir dann die Ausgangsgröße noch zerlegen in einen erzwungenen und einen dem Einschwingvorgang entsprechenden Anteil. Der erzwungene Anteil ist eine endliche Summe, deren Summanden im allgemeinen von der Form

$$\{\text{Residuum von } X(z) \text{ für } z = z_k\} \cdot F(z_k) z_k^{n-1}$$

sind, wobei z_k ein Pol von X(z) ist. Nach unserer Voraussetzung über die Eingangsgröße x(t) ist

$$|z_k| \leq 1,$$

und damit ist also jedenfalls der erzwungene Anteil der Ausgangsgröße y(nT) beschränkt.

Der dem Einschwingvorgang entsprechende Anteil der Ausgangsgröße von y(nT) ist eine endliche Summe, deren Summanden im allgemeinen von der Form

$$\{\text{Residuum von } F(z) \text{ für } z = z_r\} X(z_r) z_r^{n-1}$$

sind, wobei z_r ein Pol von F(z) ist. Es ist nun klar, daß Stabilität unseres Systems gleichbedeutend damit ist, daß der dem Einschwingvorgang entsprechende Anteil abklingt, d. h., daß die ihm entsprechenden Anteile von y(nT) für n → ∞ gegen Null streben. Aus der obigen Darstellung dieses Anteils entnimmt man andererseits, daß diese Forderung für beliebige, den Bedingungen 1 und 2 genügende Eingangsgrößen dann und nur dann erfüllt ist, wenn

$$|z_r| < 1,$$

d. h., wenn sämtliche Polstellen der Impulsübertragungsfunktion im Innern des Einheitskreises $|z| < 1$ liegen.

Wie wir im vorigen Abschnitt sahen, hat das geschlossene Abtastsystem von Abb. 7 die Impulsübertragungsfunktion

$$F(z) = \frac{F_R(z)}{1 + F_S(z) F_R(z)},$$

und damit erhalten wir unmittelbar den

Satz 8: Sind $F_R(z)$ und $F_S(z)$ rationale Funktionen, so ist das in Abb. 7 dargestellte Abtastsystem dann und nur dann stabil, wenn die Wurzeln der »charakteristischen Gleichung«

$$1 + F_S(z) F_R(z) = 0$$

sämtlich im Innern des Einheitskreises $|z| < 1$ liegen.

Damit haben wir eine Stabilitätsbedingung erhalten, welche derjenigen bei stetigen einschleifigen Regelungssystemen analog ist. Lediglich übernimmt hier der Einheitskreis $|z| < 1$ die Rolle der rechten Halbebene $\text{Re } p < 0$ bei stetigen Regelungssystemen.

3.4 Stabilitätsprüfung mittels der F_0-Ortskurve des aufgeschnittenen Systems

In gleicher Weise wie bei stetigen Regelungssystemen besteht auch hier ein direkter Zusammenhang zwischen dem Verlauf der Ortskurve $F_0(e^{j\omega})$, $0 \leq \omega \leq \pi$, des aufgeschnittenen Abtastsystems und der Lageverteilung der Wurzeln der charakteristischen Gl.: $1 - F_0(z) = 1 + F_R(z) \cdot F_S(z) = 0$. Um diesen Zu-

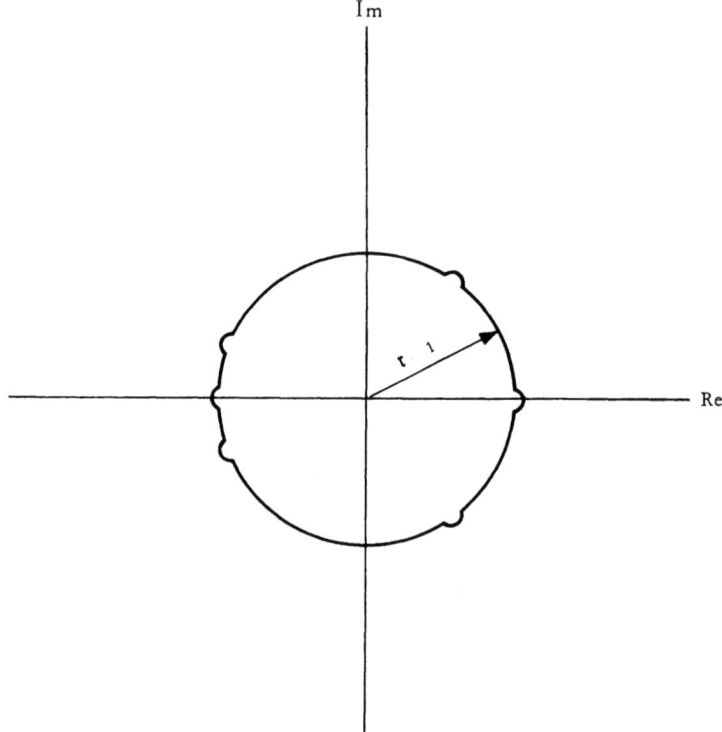

Abb. 9 Der bei der Auswertung nach dem Residuensatz zu verwendende Integrationsweg

sammenhang zu erkennen, gehen wir aus von der Darstellung von $F_0(z)$ als Quotient zweier reeller Polynome in z:

$$F_0(z) = -\frac{R(z)}{Q(z)} = -\frac{a_0 + a_1 z + \cdots + a_m z^m}{b_0 + b_1 z + \cdots + b_n z^n},$$

wobei wir annehmen, daß der Grad von $R(z)$ höchstens gleich dem Grad von $Q(z)$ ist (m ≤ n), was keine wesentliche Einschränkung bedeutet, da man andernfalls nur $\{F_0(z)\}^{-1}$ zu betrachten braucht. Am einfachsten erhält man dann das Ortskurvenkriterium durch Anwendung des Residuensatzes auf das Integral

$$\frac{1}{2\pi j}\int_{\mathfrak{E}}\frac{\varphi'(z)}{\varphi(z)}dz \quad \text{mit} \quad \varphi(z) = \frac{R(z) + Q(z)}{Q(z)} = 1 + \frac{R(z)}{Q(z)} = 1 - F_0(z),$$

erstreckt über einen geeigneten im Bereich $|z| \geq 1$ liegenden Integrationsweg. Beachtet man, daß nach unserer Voraussetzung der Grad von $R(z)$ höchstens gleich dem Grad von $Q(z)$ ist und betrachtet die als Bild des Halbkreisbogens $z = e^{j\omega}$, $0 \leq \omega \leq \pi$, definierte Ortskurve $F_0(e^{j\omega}) = -R(e^{j\omega})/Q(e^{j\omega})$, $0 \leq \omega \leq \pi$, in der F_0-Ebene, wobei die eventuell vorhandenen auf dem Einheitskreis $|z| = 1$ liegenden Wurzeln von $Q(z) = 0$ in der z-Ebene auf außerhalb des Einheitskreises liegenden Halbkreisen bzw. Viertelkreisen zu umgehen sind, je nachdem, ob $Q(e^{j\omega}) = 0$ für $\omega \neq 0, \pi$ bzw. $Q(\pm 1) = 0$ ist, erhält man das bekannte Theorem [26]:

Es sei P_Q die Anzahl der außerhalb des Einheitskreises liegenden Wurzeln der charakteristischen Gleichung $Q(z) = 0$ des aufgeschnittenen Abtastsystems. Dann ist für die Stabilität des geschlossenen Abtastsystems notwendig und hinreichend, daß die zu $F_0(e^{j\omega}) = -\frac{R(e^{j\omega})}{Q(e^{j\omega})}$, $0 \leq \omega \leq \pi$, gehörige Ortskurve den kritischen Punkt $P_k = (1,0)$ derart umläuft, daß der Umlaufswinkel gleich $P_Q \pi$ ist (entgegen dem Uhrzeigersinn).

Ebenso wie bei stetigen Regelungssystemen kann dieser Formulierung als Umlaufskriterium auch eine Formulierung als Schnittstellenkriterium gegeben werden.

Nennt man einen Übergang der Ortskurve von $F_0(e^{j\omega})$, $0 \leq \omega \leq \pi$, bei wachsendem ω durch das offene Intervall $[1, \infty]$ der reellen Achse von der unteren in die obere Halbebene negativ und von der unteren in die obere Halbebene positiv, so gilt der

Satz 9: Es sei P_Q die Anzahl der außerhalb des Einheitskreises liegenden Wurzeln der charakteristischen Gleichung $Q(z) = 0$ des aufgeschnittenen Abtastsystems. Dann ist das geschlossene Abtastsystem dann und nur dann stabil, wenn

1. $F_0(e^{j\omega}) \neq 1$ für jedes ω im Intervall $0 \leq \omega \leq \pi$ gilt und

2. die Differenz zwischen der Anzahl der negativen und positiven Übergänge der zu $F_0(e^{j\omega}) = -R(e^{j\omega})/Q(e^{j\omega})$, $0 \leq \omega \leq \pi$, gehörigen Ortskurve des aufgeschnittenen Abtastsystems durch das offene Intervall $[1, \infty]$ der reellen Achse gleich $P_Q/2$ ist.

Beginnt bzw. endet die Ortskurve von $F_0(e^{j\omega})$ bei $\omega = 0$ bzw. $\omega = \pi$ auf dem offenen Intervall $[1, \infty]$ der reellen Achse, so ist das als ein halber Übergang von $F_0(e^{j\omega})$ bei $\omega = 0$ bzw. $\omega = \pi$ zu zählen.

Diesem letzten Satz können wir nun wieder eine andere Formulierung geben. Setzen wir
$$F_0(e^{j\omega}) = A(\omega) \cdot e^{j\Phi(\omega)},$$
wo also
$$A(\omega) = |F_0(e^{j\omega})| \quad \text{und} \quad \Phi(\omega) = \arg F_0(e^{j\omega})$$
ist, so ergibt sich zunächst folgendes. Ist $0 \leq \omega_\mu \leq \pi$ eine Frequenz, bei der ein Übergang der Ortskurve von $F_0(e^{j\omega})$ auf dem offenen Intervall $[1, \infty]$ der reellen Achse von der unteren in die obere Halbebene stattfindet, so muß in einer Umgebung $0 < |\omega - \omega_\mu| < \delta_\mu$ dieser Frequenz das Argument $\Phi(\omega) = \arg F_0(e^{j\omega})$ wachsen. Das heißt, es muß zu jedem $\omega_\mu > 0$, bei dem ein solcher Übergang erfolgt, ein $\delta_\mu > 0$ existieren derart, daß
$$\frac{d\Phi}{d\omega} > 0$$
gilt für alle ω mit $0 < |\omega - \omega_\mu| < \delta_\mu$.

Ist dagegen $0 \leq \omega_\varkappa \leq \pi$ eine Frequenz, bei der die Ortskurve von $F_0(e^{j\omega})$ das offene Intervall $[1, \infty]$ der reellen Achse von der oberen in die untere Halbebene überschreitet, so muß ein $\delta_\varkappa > 0$ existieren derart, daß
$$\frac{d\Phi}{d\omega} < 0$$
gilt für alle ω mit $0 < |\omega - \omega_\varkappa| < \delta_\varkappa$.

Damit kann man den vorigen Satz so formulieren:

Satz 10: Es sei P_Q die Anzahl der außerhalb des Einheitskreises liegenden Wurzeln der charakteristischen Gleichung $Q(z) = 0$ des aufgeschnittenen Regelkreises. Ferner seien
$$0 \leq \omega_1 < \omega_2 < \cdots < \omega_r \leq \pi$$
die Frequenzen, bei denen $\operatorname{Im} F_0(e^{j\omega_\nu}) = 0$ und $\operatorname{Re} F_0(e^{j\omega_\nu}) > 1$ ($\nu = 1, 2, \ldots, r$) gilt. Mit M werde die Anzahl derjenigen ω_ν bezeichnet, bei denen in einer Umgebung $0 < |\omega - \omega_\nu| < \delta_\nu$ von ω_ν $\frac{d\Phi}{d\omega} > 0$ gilt; mit N werde die Anzahl derjenigen ω_ν bezeichnet, für die in einer Umgebung $0 < |\omega - \omega_\nu| < \delta_\nu$ von ω_ν $\frac{d\Phi}{d\omega} < 0$ gilt. Ist $\omega_1 = 0$ oder $\omega_r = \pi$, so sind ω_1 bzw. ω_r bei der Bildung der Zahlen M bzw. N nicht als 1, sondern als ½ zu zählen. Für die Stabilität des geschlossenen Abtastsystems ist dann notwendig und hinreichend, daß

1. $F_0(e^{j\omega}) \neq 1$ für alle ω mit $0 \leq \omega \leq \pi$ gilt und

2. $M - N = P_Q/2$ ist.

3.5 Stabilitätsprüfung von Abtastsystemen mittels der Ortskurven von Regler und Regelstrecke

Wir betrachten wieder das in Abb. 7 dargestellte einschleifige Abtastsystem, bei dem sich also nach Abschnitt 3.2 die Impulsübertragungsfunktion des aufgeschnittenen Abtastsystems nach der Formel

$$F_0(z) = -F_S(z)\, F_R(z) = -\frac{R_S(z)}{Q_S(z)} \cdot \frac{R_R(z)}{Q_R(z)}$$

aus den Impulsübertragungsfunktionen von Strecke und Regler zusammensetzt. Setzen wir:

$$\Phi_S^{-1}(\omega) = \arg\left\{-\frac{1}{F_S(e^{j\omega})}\right\} = \arg\left\{-\frac{Q_S(e^{j\omega})}{R_S(e^{j\omega})}\right\},$$

$$\Phi_R(\omega) = \arg\{F_R(e^{j\omega})\} = \arg\left\{\frac{R_R(e^{j\omega})}{Q_R(e^{j\omega})}\right\},$$

so läßt sich Satz 10 in der folgenden Weise übertragen:

Satz 11: Es sei P_Q die Anzahl der außerhalb des Einheitskreises liegenden Wurzeln der charakteristischen Gleichung $Q_S(z)\, Q_R(z) = 0$ des aufgeschnittenen Abtastsystems. Die Ortskurven von

$$F_R(e^{j\omega}) = \frac{R_R(e^{j\omega})}{Q_R(e^{j\omega})} \quad \text{und} \quad -\frac{1}{F_S(e^{j\omega})} = -\frac{Q_S(e^{j\omega})}{R_S(e^{j\omega})}$$

mögen vorliegen, $0 \leq \omega \leq \pi$, und zwar mit Parameterbezifferung. Es seien $0 \leq \omega_1 < \omega_2 < \cdots < \omega_r \leq \pi$ die Frequenzen, für die

$$\left|-\frac{1}{F_S(e^{j\omega_\nu})}\right| < |F_R(e^{j\omega_\nu})| \quad \text{und} \quad \arg\left\{-\frac{1}{F_S(e^{j\omega_\nu})}\right\} = \arg\{F_R(e^{j\omega_\nu})\} \quad (63)$$

gilt, bei denen also die Ortskurvenpunkte $-\dfrac{1}{F_S(e^{j\omega_\nu})}$ und $F_R(e^{j\omega_\nu})$, $(\nu = 1, 2, \ldots, r)$, jeweils auf derselben vom Nullpunkt ausgehenden Halbgeraden mit dem Richtungswinkel

$$\Phi_\nu = \arg\left\{-\frac{1}{F_S(e^{j\omega_\nu})}\right\} = \arg\{F_R(e^{j\omega_\nu})\} \quad (64)$$

liegen und

$$\left|-\frac{1}{F_S(e^{j\omega_\nu})}\right| < |F_R(e^{j\omega_\nu})|$$

ist. Ferner sei M die Anzahl derjenigen ω_ν, für die in einer Umgebung $0 < |\omega - \omega_\nu| < \delta_\nu$ von ω_ν

$$\frac{d\Phi_R}{d\omega} > \frac{d\Phi_S^{-1}}{d\omega} \quad (65)$$

gilt, und N die Anzahl derjenigen ω_ν, für die in einer Umgebung $0 < |\omega - \omega_\nu| < \delta_\nu$ von ω_ν

$$\frac{d\Phi_R}{d\omega} < \frac{d\Phi_S^{-1}}{d\omega} \qquad (66)$$

gilt. Ist $\omega_1 = 0$ bzw. $\omega_r = \pi$, d. h., beginnen bzw. enden die Ortskurven von $-1/F_S(e^{j\omega})$ und $F_R(e^{j\omega})$ für $\omega = 0$ bzw. $\omega = \pi$ auf derselben Halbgeraden durch den Nullpunkt, und ist

$$\left|-\frac{1}{F_S(1)}\right| < |F_R(1)| \quad \text{bzw.} \quad \left|-\frac{1}{F_S(-1)}\right| < |F_R(-1)|,$$

so sind $\omega_1 = 0$ bzw. $\omega_r = \pi$ bei der Bildung der Zahlen M oder N nicht als 1, sondern als ½ zu zählen. Für die Stabilität des geschlossenen Abtastsystems ist dann notwendig und hinreichend, daß

1. Für jedes ω mit $0 \leq \omega \leq \pi$ gilt

$$-\frac{1}{F_S(e^{j\omega})} \neq F_R(e^{j\omega}),$$

d. h., die Ortskurven von $-\dfrac{1}{F_S(e^{j\omega})}$ und $F_R(e^{j\omega})$, $0 \leq \omega \leq \pi$, haben bei gleicher Frequenz ω keinen Schnittpunkt, und

2. $M - N = P_Q/2$ gilt.

Beweis: Satz 11 folgt direkt aus Satz 10.
Zunächst ist

$$\text{Im } F_0(e^{j\omega_\nu}) = 0 \quad \text{und} \quad \text{Re } F_0(e^{j\omega_\nu}) > 1$$

gleichbedeutend mit

$$|F_0(e^{j\omega_\nu})| > 1 \quad \text{und} \quad \arg F_0(e^{j\omega_\nu}) = \pm 2k\pi.$$

Wegen

$$F_0(e^{j\omega}) = -F_S(e^{j\omega}) F_R(e^{j\omega}) = \frac{F_R(e^{j\omega})}{-\dfrac{1}{F_S(e^{j\omega})}} \qquad (67)$$

muß also bei den Frequenzen ω_ν von Satz 10 gelten:

$$\left|-\frac{1}{F_S(e^{j\omega_\nu})}\right| < |F_R(e^{j\omega_\nu})| \quad \text{und} \quad \arg\left\{-\frac{1}{F_S(e^{j\omega_\nu})}\right\} = \arg\{F_R(e^{j\omega_\nu})\},$$

und umgekehrt folgen aus den Relationen (64) die Relationen (63) von Satz 10. Aus (67) folgt weiter

$$\arg\{F_0(e^{j\omega})\} = \arg\{F_R(e^{j\omega})\} - \arg\left\{-\frac{1}{F_S(e^{j\omega})}\right\},$$

also unter Benutzung der Bezeichnungen (7) und (8):

$$\Phi(\omega) = \Phi_R(\omega) - \Phi_S^{-1}(\omega).$$

Die Relationen
$$\frac{d\Phi(\omega)}{d\omega} > 0 \quad \text{bzw.} \quad \frac{d\Phi(\omega)}{d\omega} < 0$$
sind daher gleichbedeutend mit
$$\frac{d\Phi_R(\omega)}{d\omega} > \frac{d\Phi_S^-(\omega)}{d\omega} \quad \text{bzw.} \quad \frac{d\Phi_R(\omega)}{d\omega} < \frac{d\Phi_S(\omega)}{d\omega}.$$

Da ferner die Bedingung 1. von Satz 11 der Bedingung 1. von Satz 10 gleichwertig ist, ist der Beweis von Satz 11 erbracht.

Die Parameterbezifferung der Ortskurven dient bei Satz 11 zur Prüfung, ob in einer Umgebung der betr. Frequenz ω_ν die Ungleichung (65) oder (66) gilt. Ist speziell $P_Q = 0$, sind also sowohl die Regelstrecke als auch der Regler für sich stabil oder neutral, so gilt der

Satz 12: Ist das aufgeschnittene einschleifige Abtastsystem stabil oder neutral, und liegen die Ortskurven von $F_R(e^{j\omega})$ und von $-\dfrac{1}{F_S(e^{j\omega})}$, $0 \leq \omega \leq \pi$, mit Parameterbezifferung vor, sind ferner $0 \leq \omega_1 < \omega_2 < \cdots < \omega_r \leq \pi$ die Frequenzen, für die

$$\left|-\frac{1}{F_S(e^{j\omega_\nu})}\right| < |F_R(e^{j\omega_\nu})| \quad \text{und} \quad \arg\left\{-\frac{1}{F_S(e^{j\omega_\nu})}\right\} = \arg\{F_R(e^{j\omega_\nu})\}$$

$$(\nu = 1, 2, \ldots, r)$$

gilt, so ist das geschlossene Abtastsystem dann und nur dann stabil, wenn

1. für jedes ω mit $0 \leq \omega \leq \pi$ gilt

$$-\frac{1}{F_S(e^{j\omega})} \neq F_R(e^{j\omega}),$$

d. h., die Ortskurven von $-\dfrac{1}{F_S(e^{j\omega})}$ und $F_R(e^{j\omega})$, $0 \leq \omega \leq \pi$, haben bei gleicher Frequenz ω keinen Schnittpunkt, und

2. die Anzahl derjenigen ω_ν, für die in einer Umgebung $0 < |\omega - \omega_\nu| < \delta_\nu$ von ω_ν

$$\frac{d\Phi_R}{d\omega} > \frac{d\Phi_S^{-1}}{d\omega}$$

gilt, gleich ist der Anzahl der ω_ν, für die in einer Umgebung $0 < |\omega - \omega_\nu| < \delta_\nu$ von ω_ν

$$\frac{d\Phi_R}{d\omega} < \frac{d\Phi_S^{-1}}{d\omega}$$

gilt. Ist $\omega_1 = 0$ bzw. $\omega_r = \pi$, so ist wie bei Satz 12 ω_1 bzw. ω_r nicht als 1, sondern als ½ zu zählen.

Oft liegt der Fall vor, daß

1. das aufgeschnittene Abtastsystem stabil oder neutral ist, was speziell dann eintritt, wenn Regler und Regelstrecke für sich genommen stabil oder neutral sind, und

2. die Ortskurve von $F_0(e^{j\omega})$, $0 \leq \omega \leq \pi$, das links abgeschlossene Intervall $[1, \infty]$ der reellen Achse überhaupt nicht schneidet.

Nach Satz 9 ist in diesem Falle das geschlossene Abtastsystem stabil. Somit erhalten wir das folgende hinreichende Kriterium:

Satz 13: Regelstrecke und Regler seien für sich genommen stabil oder neutral. Liegen die Ortskurven von $-\dfrac{1}{F_S(e^{j\omega})}$ und $F_R(e^{j\omega})$ vor, $0 \leq \omega \leq \pi$, sind dann ω_ν ($\nu = 1, 2, \ldots, r$) die Frequenzen, für die

$$\arg\left\{-\frac{1}{F_S(e^{j\omega_\nu})}\right\} = \arg\{F_R(e^{j\omega})\} \qquad (\nu = 1, 2, \ldots, r)$$

gilt, so ist das geschlossene Abtastsystem stabil, wenn

$$\left|-\frac{1}{F_S(e^{j\omega_\nu})}\right| > |F_R(e^{j\omega_\nu})| \qquad (\nu = 1, 2, \ldots, r)$$

ist.

Mittels des Zweiortskurvenverfahrens läßt sich auch wieder untersuchen, ob das geschlossene Abtastsystem auf der Stabilitätsgrenze liegt. Ist P_Q die Anzahl der außerhalb des Einheitskreises liegenden Wurzeln der charakteristischen Gleichung $Q_S(z) Q_R(z) = 0$ des aufgeschnittenen Abtastsystems, so liegt das geschlossene Abtastsystem z. B. auf der Stabilitätsgrenze, wenn

1. die Differenz der wie in Satz 11 gebildeten Zahlen M und N gleich $P_Q/2$ ist: $M - N = P_Q/2$,

2. für eine Frequenz $0 \leq \omega_x \leq \pi$ die beiden Gleichungen

$$\left|-\frac{1}{F_S(e^{j\omega_x})}\right| = |F_R(e^{j\omega_x})| \quad \text{und} \quad \arg\left\{-\frac{1}{F_S(e^{j\omega_x})}\right\} = \arg\{F_R(e^{j\omega_x})\}$$

gelten, d. h., die Ortskurven von $-\dfrac{1}{F_S(e^{j\omega})}$ und $F_R(e^{j\omega})$, $0 \leq \omega \leq \pi$, haben bei der Frequenz ω_x einen Schnittpunkt.

3.6 Stabilitätsprüfung von Abtastsystemen durch Zurückführung auf diejenige eines zugeordneten stetigen Systems

Versucht man, die Methoden zur Stabilitätsprüfung im BODE-Diagramm von den stetigen Systemen auf Abtastsysteme zu übertragen, so stößt man zunächst auf folgende Schwierigkeit: Das BODE-Diagramm mit seiner weitgehenden Benutzung der asymptotischen Darstellungen für die elementaren Funktionen verlangt, daß bei Änderung der Frequenz ω über den Frequenzbereich die zugehörige komplexe Variable sich entlang der imaginären Achse der komplexen Ebene bewegt. Diese Bedingung ist nun bei der z-Transformation nicht direkt erfüllt, da die zugehörige komplexe Variable $z = e^{j\omega}$ den Einheitskreis durchläuft. Allerdings kann diese Bedingung dadurch [10, 26, 27] erfüllt werden, daß das Innere des Einheitskreises der z-Ebene mittels der linearen Transformation

$$z = \frac{1+w}{1-w} \tag{68}$$

auf die rechte Halbebene der w-Ebene abgebildet wird, wobei die Peripherie des Einheitskreises der z-Ebene wie verlangt in die imaginäre Achse der w-Ebene übergeht. Berücksichtigt man noch die zu (68) gehörige Umkehrtransformation:

$$w = \frac{1-z^{-1}}{1+z^{-1}}, \tag{69}$$

so erhält man mit $z = e^{j\omega}$ als Bildpunkt des Einheitskreises

$$w = \frac{1-e^{-j\omega}}{1+e^{j\omega}} = j \cdot \tan \frac{\omega}{2},$$

und mit $w = u + jv$ ergibt sich

$$v = \tan \frac{\omega}{2}, \quad \omega = 2 \arctan v. \tag{70}$$

Durchläuft ω das Integral $0 \leq \omega \leq \pi$, so durchläuft $v = \text{Im } w$ das Intervall $0 \leq v \leq \infty$.

Damit kann also die Stabilitätsprüfung von Abtastsystemen auch in der folgenden Weise durchgeführt werden:

Ist $F_0(z)$ die rationale Impulsübertragungsfunktion des aufgeschnittenen Abtastsystems, so betrachte man die zu $F_0\left(\dfrac{1+jv}{1-jv}\right)$, $0 \leq v \leq \infty$, gehörige Ortskurve. An Hand dieser Ortskurve kann dann nach den Kriterien von Abschnitt 1.2 die Stabilität des Systems nachgeprüft werden, wobei v die Rolle von ω in den dortigen Kriterien übernimmt.

Ist $F_0(z) = -F_R(z) F_S(z)$ die rationale Impulsübertragungsfunktion des aufgeschnittenen Abtastsystems, so hat man für die Stabilitätsprüfung nur die Kriterien von Abschnitt 3.3 auf die Ortskurven von $F_R\left(\dfrac{1+jv}{1-jv}\right)$ und $-\dfrac{1}{F_S\left(\dfrac{1+jv}{1-jv}\right)}$,

$0 \leq v \leq \infty$, anzuwenden.

Soll die Stabilität von Abtastsystemen mit Hilfe von BODE-Diagrammen untersucht werden, so kann auch dies wieder mittels der Sätze von Abschnitt 2.1 ge-

schehen, wobei die logarithmischen Amplituden- und Phasen-Charakteristiken von
$F_R\left(\dfrac{1+jv}{1-jv}\right)$ und $-\dfrac{1}{F_S\left(\dfrac{1+jv}{1-jv}\right)}$ zugrunde zu legen sind und also der Parameter v
mit $0 \leq v \leq \infty$ die Rolle der dortigen Frequenz ω übernimmt. In gleicher Weise können natürlich auch die in den Abschnitten 1.4 und 2.2 angeführten Kriterien zur Beurteilung der Stabilitätsgüte von Abtastsystemen herangezogen werden.

4. Beispiele

Die Anwendung dieser Sätze wollen wir an einfachen Beispielen erläutern.

Beispiel 1:

a) $F_S(p) = \dfrac{1}{s_1 p + s_0}$, $\quad -\dfrac{1}{F_S(j\omega)} = -s_1 j\omega - s_0$.

$F_R(p) = \dfrac{r_0}{T_1 p - 1}$, $\quad (r_0, T_1, s_0, s_1 > 0)$.

Bei diesem Beispiel ist der Regler instabil. Die Ortskurven von $-\dfrac{1}{F_S(j\omega)}$ und $F_R(j\omega)$ sind aus Abb. 10 zu entnehmen.

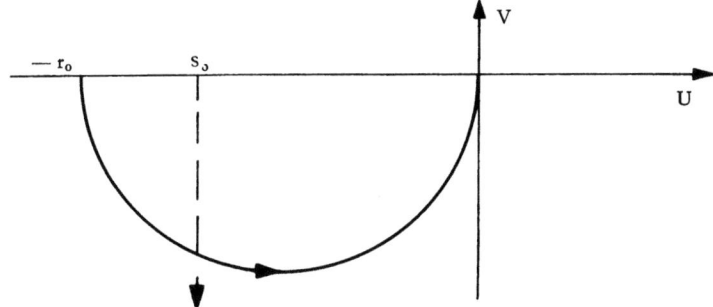

Abb. 10 Ortskurven einer stabilen Regelstrecke und eines instabilen Reglers

Da hier $P_Q = 1$ ist, ist notwendig für die Stabilität unseres Systems die Bedingung

$$\left| -\dfrac{1}{F_S(0)} \right| < |F_R(0)|, \text{ d. h. } s_0 < r_0.$$

Wir prüfen jetzt noch, ob in einer hinreichend kleinen Umgebung von $\omega = 0$

$$\dfrac{d\Phi_R}{d\omega} > \dfrac{d\Phi_S^{-1}}{d\omega}$$

oder

$$\dfrac{d\Phi_R}{d\omega} < \dfrac{d\Phi_S^{-1}}{d\omega}$$

ist. Da

$$\Phi_R = \arctan(T_1 \cdot \omega) - \pi; \quad \Phi_S^{-1} = \arctan\frac{s_1 \omega}{s_0} - \pi,$$

gilt

$$\frac{d\Phi_R}{d\omega} = -\frac{T_1}{1 + T_1^2 \cdot \omega^2}, \quad \frac{d\Phi_S^{-1}}{d\omega} = \frac{1}{1 + \frac{s_1^2 \cdot \omega^2}{s_0^2}} \cdot \frac{s_1}{s_0}$$

und somit

$$\left.\frac{d\Phi_R}{d\omega}\right|_{\omega=0} = T_1, \quad \left.\frac{d\Phi_S^{-1}}{d\omega}\right|_{\omega=0} = \frac{s_1}{s_0}.$$

Nach Satz 2 ist unser System dann und nur dann stabil, wenn

$$s_0 < r_0 \quad \text{und} \quad T_1 > \frac{s_1}{s_0}$$

ist.

b) $F_S(p) = \dfrac{1}{s_1 p - s_0}, \quad -\dfrac{1}{F_S(j\omega)} = -s_1 j\omega + s_0.$

$$F_R(p) = \frac{r_0}{T_1 p + 1}, \quad (r_0, T_1, s_0, s_1 > 0).$$

Hier ist die Regelstrecke instabil, der Regler stabil. Die Ortskurven von $-\dfrac{1}{F_S(j\omega)}$ und $F_R(j\omega)$ sind aus Abb. 11 zu entnehmen.

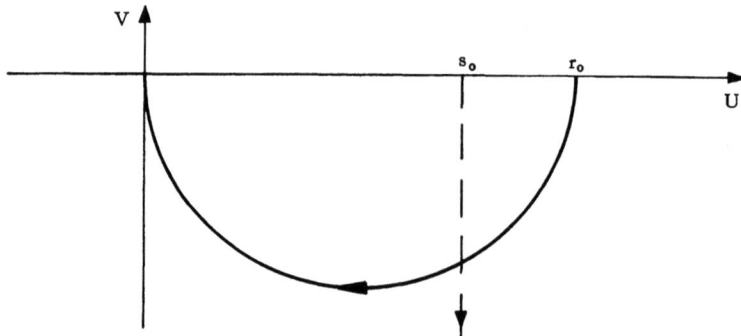

Abb. 11 Ortskurven einer instabilen Regelstrecke und eines stabilen Reglers

Aus Satz 2 erhalten wir zunächst als notwendige Bedingung für die Stabilität des geschlossenen Systems:

$$s_0 < r_0;$$

ferner ist hier

$$\Phi_R = \arctan(-T_1 \cdot \omega), \quad \Phi_S^{-1} = \arctan\left(-\frac{s_1 \omega}{s_0}\right)$$

und somit

$$\frac{d\Phi_R}{d\omega} = -\frac{T_1}{1 + T_1^2 \cdot \omega^2}, \quad \frac{d\Phi_S^{-1}}{d\omega} = -\frac{1}{1 + \frac{s_1 \omega}{s_0}} \cdot \frac{s_1}{s_0},$$

$$\left.\frac{d\Phi_R}{d\omega}\right|_{\omega=0} = -T_1, \quad \left.\frac{d\Phi_S^{-1}}{d\omega}\right|_{\omega=0} = -\frac{s_0}{s_1}.$$

Aus Satz 2 folgt damit als notwendige und hinreichende Bedingung für die Stabilität des geschlossenen Systems:

$$s_0 < r_0 \quad \text{und} \quad T_1 < \frac{s_0}{s_1}.$$

Beispiel 2:

$$F_S(p) = \frac{1}{s_2 p^2 + s_1 p - s_0}, \quad -\frac{1}{F_S(p)} = s_0 - s_1 \cdot p - s_2 \cdot p^2.$$

$$F_R(p) = \frac{V_R(1 + T_n \cdot p)}{-\frac{V_R}{V_{R_1}} + T_n \cdot p}, \quad (s_2, s_1, s_0, V_R, V_{R_1}, T_n > 0).$$

Die Regelstrecke ist also hier von zweiter Ordnung und statisch instabil. Als Regler haben wir einen (instabilen) Regler mit negativer Rückführung gewählt.

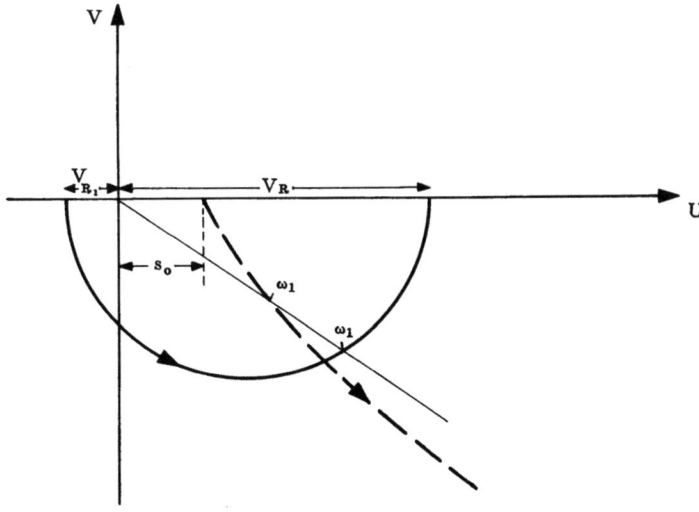

Abb. 12 Ortskurven einer instabilen Regelstrecke und eines instabilen Reglers

Somit ist $P_Q = 2$. Die Ortskurven von $-\dfrac{1}{F_S(p)}$ und $F_R(p)$ sind in Abb. 12 dargestellt. Dabei sind die Parameter unseres Regelungssystems so gewählt, daß bei der Frequenz ω_1, wo

$$\arg\{F_R(j\omega_1)\} = \arg\left\{-\frac{1}{F_S(j\omega_1)}\right\} \text{ gilt,}$$

$$|F_R(j\omega_1)| > \left|\frac{1}{F_S(j\omega_1)}\right| \quad \text{und} \quad \left.\frac{d\Phi_R}{d\omega}\right|_{\omega=\omega_1} > \left.\frac{d\Phi_S^{-1}}{d\omega}\right|_{\omega=\omega_1} \text{ ist.}$$

Nach Satz 2 ist damit das zugehörige System stabil.

Literaturverzeichnis

[1] BLASS, K. H., Anwendung der Frequenzganganalyse beim praktischen Betrieb von Regeleinrichtungen, Regelungstechnik 2 (1954), S. 137.
[2] CHESTNUT, H., und W. MAYER, Servomechanisms and Regulating System Design, John Wiley and Sons, N. Y. 1951.
[3] CREMER, H., und F. KOLBERG, Zur Stabilitätsprüfung mittels der Frequenzgänge von Regler und Regelstrecke, Regelungstechnik Bd. 8, 1960, S. 190–194.
[4] DZUNG, L. S., Ein verallgemeinertes Stabilitätskriterium durch die Ortskurve, Regelungstechnik 1 (1953), S. 204.
[5] FREY, W., Beweis einer Verallgemeinerung des Stabilitätskriteriums, Brown Boveri Mitt. 33 (1946), S. 59.
[6] FÖLLINGER, O., Über die Umlaufzahl der Ortskurve, Regelungstechnik Bd. 8, 1960, S. 308–311.
[7] GOLDFARB, L. C., Über einige nichtlineare Phänomene in Regelungssystemen (russisch), Avtomatika i Telemekhanika 8 (1947), S. 349–383.
[8] HAHN, W., Stabilitätsuntersuchungen in der neueren sowjetischen Literatur, Regelungstechnik 3 (1955), S. 229.
[9] JURY, E. J., Hidden Oscillations in Sampled-Data Control Systems, Transactions of the A. I. E. E., Vol. 75, Part II, 1951, pp. 391–395.
[10] JURY, E. J., Sampled-Data Control Systems, John Wiley and Sons, 1958.
[11] KAUFMANN, H., Dynamische Vorgänge in linearen Systemen der Nachrichten- und Regelungstechnik, R. Oldenbourg, München 1959.
[12] KOCHENBURGER, R. J., A frequency responce method for analysing and synthesizing contactor servomechanisms, Trans. A. I. E. E. 69, Pt. I (1950), S. 270–284.
[13] LEHNIGK, S., Über das NYQUIST-Kriterium, Regelungstechnik 4 (1956), S. 195.
[14] LEONHARD, A., Die selbsttätige Regelung, Springer-Verlag 1957.
[15] MONROE, J., Digital Processes for Sampled-Data Systems, John Wiley and Sons, 1962.
[16] NYQUIST, H., Regeneration Theory, Bell Syst. Techn. Journal 11 (1932), S. 126.
[17] OPPELT, W., Kleines Handbuch technischer Regelvorgänge, Verlag Chemie, Weinheim 1959.
[18] OPPELT, W., Das Gestalten von Regelkreisen an Hand der Ortskurvendarstellung, Arch. Elektr. Übertragung 4 (1950), S. 11.
[19] OPPELT, W., Über die Stabilität unstetiger Regelvorgänge, Elektrotechnik 2 (1948), S. 71–78.
[20] OPPELT, W., Über Ortskurvenverfahren bei Regelvorgängen mit Reibung, Z-VDI 90 (1948), S. 179–183.
[21] POPOW, E. P., Dynamik von Regelungssystemen, Akademie Verlag 1958.
[22] RAGAZZINI, J. R., und G. FRANKLIN, Sampled-Data Control Systems, McGraw-Hill, 1958.
[23] SCHÄFER, O., Grundlagen der selbsttätigen Regelung, Franzis-Verlag, München 1957.

[24] SOLODOWNIKOW, W., Grundlagen der selbsttätigen Regelung, Oldenbourg-Verlag, München 1959.
[25] TOU, J. T., Stability Criterium for Digital Feedback Control Systems, Proc. Math. Electronics Conf., Vol. 12, pp. 336–346, 1956.
[26] TOU, J. T., Digital and Sampled-Data Control Systems, McGraw-Hill, 1959.
[27] TSCHAUNER, J., Einführung in die Theorie der Abtastsysteme, R. Oldenbourg, München 1960.
[28] TUSTIN, A., The effects of backlash and of speed-dependent friction on the stability of closed cycle control systems, Journ. Instn. El. Engrs. 94, Pt. II A (Mai 1947), S. 143–151.

FORSCHUNGSBERICHTE DES LANDES NORDRHEIN-WESTFALEN

Herausgegeben im Auftrage des Ministerpräsidenten Dr. Franz Meyers
von Staatssekretär Prof. Dr. h. c. Dr.-Ing. E. h. Leo Brandt

ELEKTROTECHNIK · OPTIK

HEFT 1
Prof. Dr.-Ing. Eugen Flegler, Aachen
Untersuchungen oxydischer Ferromagnet-Werkstoffe
1952. 19 Seiten. Vergriffen

HEFT 12
Elektrowärme-Institut, Langenberg (Rhld.)
Induktive Erwärmung mit Netzfrequenz
1952. 14 Seiten, 6 Abb. DM 5,20

HEFT 23
Institut für Starkstromtechnik, Aachen
Rechnerische und experimentelle Untersuchungen zur Kenntnis der Metadyne als Umformer von konstanter Spannung auf konstanten Strom
1953. 42 Seiten, 21 Abb., 4 Tafeln. DM 9,75

HEFT 24
Institut für Starkstromtechnik, Aachen
Vergleich verschiedener Generator-Metadyne-Schaltungen in bezug auf statisches Verhalten
1951. 36 Seiten, 23 Abb. DM 8,50

HEFT 44
Arbeitsgemeinschaft für praktische Dehnungsmessung, Düsseldorf
Eigenschaften und Anwendungen von Dehnungsmeßstreifen
1953. 68 Seiten, 43 Abb., 2 Tabellen. Vergriffen

HEFT 62
Prof. Dr. Walter Franz, Institut für theoretische Physik der Universität Münster
Berechnung des elektrischen Durchschlags durch feste und flüssige Isolatoren
1954. 26 Seiten. DM 7,—

HEFT 77
Meteor Apparatebau Paul Schmeck GmbH, Siegen
Entwicklung von Leuchtstoffröhren hoher Leistung
1954. 35 Seiten, 12 Abb., 2 Tabellen. DM 9,15

HEFT 100
Prof. Dr.-Ing. Herwart Opitz, Aachen
Untersuchungen von elektrischen Antrieben, Steuerungen und Regelungen an Werkzeugmaschinen
1955. 151 Seiten, 71 Abb., 3 Tabellen. DM 31,30

HEFT 156
Prof. Dr.-Ing. habil. B. v. Borries,
Dr. rer. nat. Dipl.-Chem. J. Johann' Ing. J. Huppertz,
Dipl.-Phys. Günther Langner,
Dr. rer. nat. Dipl.-Phys. F. Lenz und
Dipl.-Phys. W. Scheffels, Düsseldorf
Die Entwicklung regelbarer permanentmagnetischer Elektronenlinsen hoher Brechkraft und eines mit ihnen ausgerüsteten Elektronenmikroskopes neuer Bauart
1956. 88 Seiten, 52 Abb. DM 22,55

HEFT 179
Dipl.-Ing. H. F. Reineke, Bochum
Entwicklungsarbeiten auf dem Gebiete der Meß- und Regeltechnik
1955. 34 Seiten, 10 Abb. DM 10,—

HEFT 181
Prof. Dr. Walter Franz, Münster
Theorie der elektrischen Leitvorgänge in Halbleitern und isolierenden Festkörpern bei hohen elektrischen Feldern
1955. 16 Seiten, 2 Abb., 1 Tabelle. DM 6,20

HEFT 208
Prof. Dr.-Ing. Harald Müller, Elektrowärme-Institut, Essen
Untersuchung von Elektrowärmegeräten für Laienbedienung hinsichtlich Sicherheit und Gebrauchsfähigkeit. I. Untersuchungen an Kochplatten
1956. 90 Seiten, 56 Abb., 7 Tabellen. DM 22,70

HEFT 213
Dipl.-Ing. K. F. Rittinghaus, Institut für elektrische Nachrichtentechnik der Rhein.-Westf. Technischen Hochschule Aachen
Zusammenstellung eines Meßwagens für Bau- und Raumakustik
1957. 87 Seiten, 17 Abb., 7 Tabellen. DM 19,80

HEFT 216
Dr. phil. Erwin Kloth, Köln
Untersuchungen über die Ausbreitung kurzer Schallimpulse bei der Materialprüfung mit Ultraschall
1956. 79 Seiten, 60 Abb., 4 Tabellen. DM 19,40

HEFT 265
Prof. Dr. phil. Fritz Micheel und Dr. rer. nat. Rico Engel, Organisch-Chemisches Institut der Universität Münster
Eine Apparatur zur elektrophoretischen Trennung von Stoffgemischen
1956. 27 Seiten, 21 Abb. DM 9,20

HEFT 276
E. Haage, Mülheim/Ruhr
Entwicklungsarbeiten im Apparatebau für Laboratorien
1956. 36 Seiten, 18 Abb. DM 10,50

HEFT 309
Prof. Dr. phil. Kurt Cruse, Dipl.-Phys. Benno Ricke und Dipl.-Phys. Reinhard Huber, Physikalisch-chemisches Institut der Bergakademie Clausthal-Zellerfeld
Aufbau und Arbeitsweise eines universell verwendbaren Hochfrequenz-Titrationsgerätes
1956. 40 Seiten, 29 Abb. DM 11,90

HEFT 310
Dr. rer. nat. Paul Friedrich Müller, Bonn
Die Integrieranlage des Rheinisch-Westfälischen Instituts für Instrumentelle Mathematik in Bonn
1956. 54 Seiten, 6 Abb., 31 Schaltskizzen. DM 14,45

HEFT 331
Dipl.-Ing. Georg Bretschneider, Studiengesellschaft für Höchstspannungsanlagen e. V., Ruit
Die Messung der wiederkehrenden Spannung mit Hilfe des Netzmodells
1956, 37 Seiten, 21 Abb., 2 Tabellen. DM 11,20

HEFT 341
Prof. Dr.-Ing. Helmut Winterhager und Dipl.-Ing. Leo Werner, Aachen
Präzisions-Meßverfahren zur Bestimmung des elektrischen Leitvermögens geschmolzener Salze
1956. 36 Seiten, 19 Abb., 1 Tabelle. DM 10,60

HEFT 403
Prof. Dr.-Ing. Paul Denzel und Dipl.-Ing. Wilhelm Cremer, Aachen
Verbesserung der Benutzungsdauer der Höchstlast in ländlichen Netzen durch vermehrte Anwendung elektrischer Geräte in der Landwirtschaft
1957. 33 Seiten, 23 Abb. DM 12,10

HEFT 438
Prof. Dr.-Ing. Helmut Winterhager und Dr.-Ing. Leo Werner, Aachen
Bestimmung des elektrischen Leitvermögens geschmolzener Fluoride
1957. 39 Seiten, 18 Abb., 10 Tabellen. DM 11,90

HEFT 440
Dr.-Ing. Hellmuth Wolf, Institut für Hochfrequenztechnik der Rhein.-Westf. Technischen Hochschule Aachen
Gekoppelte Hochfrequenzleitungen als Richtkoppler
1958. 107 Seiten, 44 Abb. DM 31,60

HEFT 513
Prof. Dr. Wilhelm Ludolf Schmitz und Dr. rer. nat. Franz Schmitt, Institut für Röntgenforschung an der Universität Bonn
Die Verwendung des Magnetbandgerätes zur Speicherung des Kurvenverlaufs elektrischer Ströme *1958. 56 Seiten, 35 Abb. DM 17,65*

HEFT 520
Prof. Dr.-Ing. Herwart Opitz, Dipl.-Ing. Hans Obrig und Dipl.-Ing. Paul Kips, Laboratorium für Werkzeugmaschinen und Betriebslehre der Rhein.-Westf. Technischen Hochschule Aachen
Untersuchung neuartiger elektrischer Bearbeitungsverfahren
1958. 44 Seiten, 35 Abb., 2 Tabellen. DM 14,70

HEFT 522
Dr.-Ing. Joachim Lorentz, Bonn, und Dr.-Ing. Karlheinz Brocks, Mülheim/Ruhr
Elektrische Meßverfahren in der Geodäsie
1958. 108 Seiten, 49 Abb., 5 Tabellen. DM 28,—

HEFT 523
Dr.-Ing. Klaus Eberts, Duisburg
Entwicklungen einiger Meßverfahren und einer Frequenz- und amplitudenstabilisierten Meßeinrichtung zur gleichzeitigen Bestimmung der komplexen Dielektrizitäts- und Permeabilitätskonstante von festen und flüssigen Materialien im rechteckigen Hohlleiter und im freien Raum bei Frequenzen von 9200 und 33 000 MHz
1958. 122 Seiten, 37 Abb. DM 30,20

HEFT 535
Dr.-Ing. Josef Lennertz, Köln
Einfluß des Ausbaugrades und Benutzungsgrades nachrichtentechnischer Einrichtungen auf die Gesamtwirtschaft
Ausgeführt von 1954 bis 1956 unter Mitarbeit von *Oberpostrat Dipl.-Ing. Friedrich Einbeck*
1958. 265 Seiten, zahlreiche Tabellen. DM 42,—

HEFT 550
Dr. Hans Stephan, Bonn
Elektrisches Standhöhenmeßgerät für Flüssigkeiten
1958. 25 Seiten, 13 Abb., 2 Tabellen. DM 10,10

HEFT 554
Prof. Dr.-Ing. Harald Müller, Elektrowärme-Institut Essen
Untersuchung von Elektrowärmegeräten für Laienbedienung hinsichtlich Sicherheit und Gebrauchsfähigkeit. — Teil II: Temperaturen an und in schmiegsamen Elektrogeräten
1958. 56 Seiten, 18 Abb., 22 Tabellen. DM 16,70

HEFT 596
Dipl.-Ing. Karl-Ernst Hardieck, Regierungsrat beim Deutschen Patentamt in München
Theoretische und experimentelle Untersuchungen der stationären Vorgänge in magnetischen Verstärkern
Ausgeführt am Institut für Starkstromtechnik der Rhein.-Westf. Technischen Hochschule Aachen
1958. 74 Seiten, 58 Abb. DM 20,20

HEFT 605
Ing. Leonhard Bommes, Mönchengladbach
Bestimmung von Leistung und Wirkungsgrad eines Ventilators
1958. 45 Seiten, 29 Abb., 3 Tabellen. DM 12,60

HEFT 615
Prof. Dr. Walter Weizel und Duk Hyun Whang, Institut für theoretische Physik der Universität Bonn
Stromverteilung auf der Kathode einer Glimmentladung in Spalten bei hohen Drucken und abseits stehender Anode
1958. 28 Seiten, 16 Abb. DM 8,80

HEFT 616
Prof. Dr. Walter Weizel und Wolfgang Ohlendorf, Institut für theoretische Physik der Universität Bonn
Die Glimmentladung in spaltartigen Entladungsräumen
1958. 38 Seiten, 18 Abb. DM 10,70

HEFT 622
Prof. Dr. Walter Franz, Institut für theoretische Physik der Universität Münster
Theorie der Elektronenbeweglichkeit in Halbleitern
1958. 39 Seiten, 9 Abb. DM 10,80

HEFT 642
Dr.-Ing. Hans-Joachim Eckhardt, Elektrowärme-Institut Essen
Leiter: Prof. Dr.-Ing. Harald Müller
Die dielektrische Trocknung bei erniedrigtem Luftdruck mit Beiträgen zum physikalischen Verhalten der Mischkörper
1958. 65 Seiten, 5 Abb., 19 Beilagen. DM 17,10

HEFT 663
Dr. Hans-Christian Freiesleben, Gesellschaft zur Förderung des Verkehrs e.V., Düsseldorf
Vergleich von Funkortungsverfahren an Bord von Seeschiffen
1958. 19 Seiten. DM 6,20

HEFT 724
Prof. Dr. Gottfried Eckart, Dr. Friedrich Gimmel, Thilo Conrady und Bernd Scherer, Institut für angewandte Physik und Elektrotechnik der Universität des Saarlandes, Saarbrücken
Sonderfragen bei Breitband-Schlitzantennen
1959. 32 Seiten, 3 Abb., 4 Kurvenblätter. DM 9,40

HEFT 756
Prof. Dr.-Ing. Robert Brüderlink und
Dipl.-Ing. Hansjorg Jansen, Institut für Starkstromtechnik der Rhein.-Westf. Technischen Hochschule Aachen
Drehstrom-Gleichstrom-Steuersatz mit Trockengleichrichter in Einwellen- und Zweiwellenanordnung
1960. 119 Seiten. DM 35,80

HEFT 784
Dipl.-Ing. Wilfried Sackmann, Gaswärme-Institut e.V., Essen
Wissenschaftliche Leitung: Prof. Dr.-Ing. Fritz Schuster
Untersuchung elektrischer Aufladungserscheinungen an Gasströmungen
1959. 27 Seiten, 15 Abb. DM 9,—

HEFT 786
Prof. Dr.-Ing. Paul Denzel und
Dr.-Ing. Bernhard v. Gersdorff, Institut für elektrische Anlagen und Energiewirtschaft der Rhein.-Westf. Technischen Hochschule Aachen
Untersuchungen über die Möglichkeit der selektiven Erdschlußerfassung durch Messung des im Erdseil von Freileitungen fließenden Nullstroms
1959. 72 Seiten, 40 Abb. DM 19,90

HEFT 824
Dr.-Ing. Klaus Lauterjung, Institut für Hochfrequenztechnik der Rhein.-Westf. Technischen Hochschule Aachen
Untersuchung symmetrischer Hochfrequenzleitungen
1960. 74 Seiten, 10 Abb., 1 Tafel. DM 21,50

HEFT 825
Ltd. Reg.-Direktor Dr. Heinz Gabler und
Reg.-Rat Dr. Gerhard Gresky, Deutsches Hydrographisches Institut, Hamburg
Untersuchung örtlicher Rückstrahler auf Schiffen, vorzugsweise im Grenzwellenbereich, mit dem Sichtfunkpeiler
1960. 60 Seiten, 50 Abb., 3 Tabellen. DM 18,70

HEFT 836
Dipl.-Met. Heinrich Borchardt, Essen
Physikalisch-technische Grundlagen der meteorologischen Anwendung von Radar nach Erfahrungen mit der Wetterradaranlage des Instituts für Mikrowellen in der Deutschen Versuchsanstalt für Luftfahrt e.V., Mülheim (Ruhr)
1960. 139 Seiten, 59 Abb., 4 Tabellen, 4 Tafeln, 5 Bildserien. DM 39,90

HEFT 912
Prof. Dr. rer. techn. Fritz Reutter, Mathematisches Institut der Rhein.-Westf. Technischen Hochschule Aachen
Die nomographische Darstellung von Funktionen einer komplexen Veränderlichen und damit in Zusammenhang stehende Fragen der praktischen Mathematik
1960. 119 Seiten, 4 Abb., 3 Tabellen, Anhang mit vielen Abb. DM 35,40

HEFT 1001
Dipl.-Phys. Dr. rer. nat. Günter Langner, Institut für Elektronenmikroskopie an der Medizinischen Akademie, Düsseldorf
Direktor: Prof. Dr. med. H. Ruska
Die Informationsübertragung bei der Mikroskopie mit Röntgenstrahlen
1961, 125 Seiten, 7 Abb. DM 37,—

HEFT 1033
Dr.-Ing. Gustav-Adolf Kayser, Institut für Elektrische Nachrichtentechnik der Rhein.-Westf. Technischen Hochschule Aachen
Beiträge zur Theorie und Praxis selbsttätiger elektrischer Brandmelde-Geber. Teil I
Systematik der Brandmelde-Geber, Prüfung und Analogiebetrachtung der Temperaturgeber
1961. 86 Seiten, 42 Abb., 14 Tafeln. DM 29,10

HEFT 1095
Dr.-Ing. Max Brüderlink, Institut für Starkstromtechnik der Rhein.-Westf. Technischen Hochschule Aachen
Experimentelle und theoretische Untersuchung der statischen Frequenztransformationen von 50 auf 150 Hz
1962. 77 Seiten, 57 Abb. DM 62,—

HEFT 1172
Prof. Dr.-Ing. Volker Aschoff und Dipl.-Ing. Fritz Droop, Institut für elektrische Nachrichtentechnik der Rhein.-Westf. Technischen Hochschule Aachen
Über den Einfluß der elastischen Eigenschaften von Tonbändern auf die Tonhöhenschwankungen von Magnettongeräten
1963. 63 Seiten, 33 Abb. DM 29,80

HEFT 1175
Dipl.-Math. Klaus-Dieter Becker und Dr. rer. nat. Erhard Meister, Universität Saarbrücken
Beitrag zur Theorie des Strahlungsfeldes dielektrischer Antennen
1963. 43 Seiten, 4 Abb. DM 29,80

HEFT 1176
Dipl.-Phys. Alexander Wasiljeff, Universität Saarbrücken
Breitbandimpedanzstudien an Ringschlitzantennen im cm-Wellenbereich
1963. 69 Seiten, 57 Abb. DM 45,80

HEFT 1262
Prof. Dr. Hubert Cremer, Dr. Friedrich-Heinz Effertz und Dr. Karl-Hermann Breuer, Mathematisches Institut der Rhein.-Westf. Technischen Hochschule Aachen
Zur Synthese zweipoliger elektrischer Netzwerke mit vorgeschriebenen Frequenzcharakteristiken
1964. 25 Abb. DM 49,50

HEFT 1263
Prof. Dr. Hubert Cremer, Dr. Friedrich-Heinz Effertz und Wilhelm Meuffels, Mathematisches Institut der Rhein.-Westf. Technischen Hochschule Aachen
Über Realisierbarkeitskriterien für die Synthese zweipoliger elektrischer Netzwerke mit vorgeschriebener Frequenzabhängigkeit
1963. 30 Seiten. DM 17,30

HEFT 1264
Prof. Dr. Hubert Cremer und Dr. Franz Kolberg, Mathematisches Institut der Rhein.-Westf. Technischen Hochschule Aachen
Der Strömungseinfluß auf den Wellenwiderstand von Schiffen
1964. 73 Seiten, 8 Abb. DM 67,—

HEFT 1276
Dr. Wegesin, Ratingen
Untersuchungen schneller Lichtbogenverlängerungen für die Verwendung in Hochspannungsschaltgeräten
1963. 49 Seiten, 27 Abb. DM 24,80

HEFT 1291
Gerhard Schröder, Rhein.-Westf. Institut für Instrumentelle Mathematik Bonn
Über die Konvergenz einiger Jacobi-Verfahren zur Bestimmung der Eigenwerte symmetrischer Matrizen
In Vorbereitung

HEFT 1295
Prof. Dr.-Ing. Max Knoll, Dipl.-Ing. Ingolf Ruge und Dipl.-Ing. Günter Stetter, Elektrizitäts-AG, Ratingen
Teilchenzählung und Dosimetrie mit Silizium-PN-Sperrschichten
1964. 35 Seiten, 23 Abb. DM 22,—

HEFT 1297
Dr.-Ing. Wolfgang Stammen, Elektrowärme-Institut Essen
Bestimmung der Strahlungseigenschaften von festen Körpern bei Temperaturstrahlung und Entwicklung eines vollständig diffus reflektierenden Vergleichsnormals
In Vorbereitung

HEFT 1306
Prof. Dr. E. Peschl und Dr. Karl Wilhelm Bauer, Rhein.-Westf. Institut für Instrumentelle Mathematik Bonn
Über eine nichtlineare Differentialgleichung 2. Ordnung, die bei einem gewissen Abschätzungsverfahren eine besondere Rolle spielt
In Vorbereitung

HEFT 1307
Dipl.-Math. Jürgen R. Mankopf, Rhein.-Westf. Institut für Instrumentelle Mathematik Bonn
Über die periodischen Lösungen der VAN DER POLschen Differentialgleichung $\ddot{x} + \mu (x^2 - 1) \dot{x} + x = 0$
In Vorbereitung

HEFT 1308
Heinz Ober-Kassebaum, Rhein.-Westf. Institut für Instrumentelle Mathematik Bonn
Über die P-Separation der Schrödinger-Gleichung und der Laplace-Gleichung in Riemannschen Räumen
In Vorbereitung

HEFT 1316
Dr. Franz Kolberg, Institut für Mathematik und Großrechenanlagen der Rhein.-Westf. Technischen Hochschule Aachen
Direktor: Prof. Dr. Hubert Cremer
Theoretische Untersuchung des Begegnungs- oder Überholungsvorganges von Schiffen
In Vorbereitung

HEFT 1317
Prof. Dr. Hubert Cremer und Dr. Franz Kolberg, Institut für Mathematik und Großrechenanlagen der Rhein.-Westf. Technischen Hochschule Aachen
Zur Stabilitätsprüfung von Regelungssystemen mittels Zweiortskurvenverfahren
In Vorbereitung

HEFT 1329
Dr.-Ing. Jochen Jees, Lehrstuhl für Nachrichtenverarbeitung an der Technischen Hochschule Karlsruhe
Katalog normierter Tiefpaßübertragungsfunktionen mit Tschebyscheffverhalten der Impulsantwort und der Dämpfung
In Vorbereitung

HEFT 1334
Prof. Dr.-Ing. W. Wiechnowski, Dipl.-Ing. R. Schneppendahl und Dipl.-Ing. N. Vormann, im Auftrage von Prof. Dr.-Ing. E. Flegler, Rogowski-Institut für Elektrotechnik der Rhein.-Westf. Technischen Hochschule Aachen
Untersuchungen an Modellen von Innenbeleuchtungsanlagen
In Vorbereitung

HEFT 1367
Prof. Dr. rer. techn. Fritz Reutter und Dr. phil. Johannes Knapp, Institut für Geometrie und Praktische Mathematik der Rhein.-Westf. Technischen Hochschule Aachen
Untersuchungen über die numerische Behandlung von Anfangswertproblemen gewöhnlicher Differentialgleichungssysteme mit Hilfe von LIE-Reihen und Anwendungen auf die Berechnung von Mehrkörperproblemen

HEFT 1395
Prof. Dr. rer. techn. Fritz Reutter und Dr. rer. nat. Dieter Haupt, Institut für Geometrie und Praktische Mathematik der Rhein.-Westf. Technischen Hochschule Aachen
Untersuchungen auf dem Gebiete der praktischen Mathematik
In Vorbereitung

Verzeichnisse der Forschungsberichte aus folgenden Gebieten können beim Verlag angefordert werden:
Acetylen/Schweißtechnik – Arbeitswissenschaft – Bau/Steine/Erden – Bergbau – Biologie – Chemie – Eisen/verarbeitende Industrie – Elektrotechnik/Optik – Energiewirtschaft – Fahrzeugbau/Gasmotoren – Farbe-Papier/Photographie – Fertigung – Funktechnik/Astronomie – Gaswirtschaft – Holzbearbeitung – Hüttenwesen/Werkstoffkunde – Kunststoffe – Luftfahrt/Flugwissenschaften – Luftreinhaltung – Maschinenbau – Mathematik – Medizin/Pharmakologie/NE-Metalle – Physik – Rationalisierung – Schall/Ultraschall – Schiffahrt – Textiltechnik/Faserforschung/Wäschereiforschung – Turbinen – Verkehr – Wirtschaftswissenschaft.

 WESTDEUTSCHER VERLAG · KÖLN UND OPLADEN
567 Opladen/Rhld., Ophovener Straße 1–3

If you have any concerns about our products,
you can contact us on
ProductSafety@springernature.com

In case Publisher is established outside the EU,
the EU authorized representative is:
**Springer Nature Customer Service Center GmbH
Europaplatz 3, 69115 Heidelberg, Germany**

Printed by Libri Plureos GmbH
in Hamburg, Germany